装配式建筑施工

主　编　沈　程　徐苗苗

副主编　戴玉伟　范优铭

参　编　戴铃华　丁一凡

　　　　吉　祥

主　审　李雄威

北京理工大学出版社

BEIJING INSTITUTE OF TECHNOLOGY PRESS

内 容 提 要

本书共分为9个学习任务，主要内容包括：预制构件的存放与运输，预制柱构件吊装，预制剪力墙吊装，预制剪力墙套筒灌浆施工，预制构件后浇节点连接施工，叠合梁吊装，叠合楼板、阳台板、空调板吊装，预制楼梯吊装，预制外墙拼缝处理等。本书内容具有实用性、规范性和指导性，全书以装配式框架剪力墙结构为主线，把强化职业技能训练及提升实际岗位能力作为重点，突出实用性，力求做到与实际工作过程相贴合。

本书可作为高等院校土木工程类相关专业的教学用书，也可供从事装配式建筑施工及管理技术人员参考使用。

图书在版编目（CIP）数据

装配式建筑施工 / 沈程，徐苗苗主编. -- 北京：
北京理工大学出版社，2025.1.
ISBN 978-7-5763-4820-0

Ⅰ.TU3

中国国家版本馆CIP数据核字第2025E4B195号

责任编辑：江　立　　　　　文案编辑：江　立
责任校对：周瑞红　　　　　责任印制：王美丽

出版发行 / 北京理工大学出版社有限责任公司
社　　　址 / 北京市丰台区四合庄路6号
邮　　　编 / 100070
电　　　话 / (010) 68914026（教材售后服务热线）
　　　　　　（010) 63726648（课件资源服务热线）
网　　　址 / http://www.bitpress.com.cn
版 印 次 / 2025年1月第1版第1次印刷
印　　　刷 / 河北世纪兴旺印刷有限公司
开　　　本 / 787 mm × 1092 mm　1/16
印　　　张 / 10
字　　　数 / 251千字
定　　　价 / 78.00元

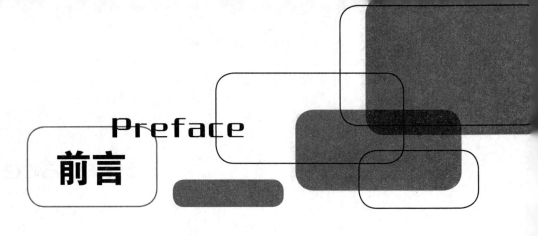

前言

Preface

　　"装配式建筑施工"是一门实践性很强的课程，该课程对学生完善知识体系和职业技能有着举足轻重的作用。本书从装配式建筑实际工作过程出发，以《装配式建筑职业技能标准》《全国职业院校技能大赛—装配式建筑智能建造赛项》和《"1+X"装配式建筑构件制作与安装职业技能等级证书》为主线，融入装配式最新技术发展，努力培养能胜任吊装工、灌浆工等岗位工作的高素质人才。

　　本书在构思和编写过程中，主要突出以下特点。

1. 全面反映新时代教学改革成果

　　本书以《教育部关于职业院校专业人才培养方案制订与实施工作的指导意见》（教职成〔2019〕13号）、教育部关于印发《职业院校教材管理办法》的通知（教材〔2019〕3号）为指导，以课程建设为依托，全面反映新时代产教融合、校企合作、创新创业教育、工作室教学、现代学徒制和教育信息化等方面的教学改革成果，以培养职业能力为主线，将探究学习、与人交流、与人合作、解决问题、创新能力的培养贯穿于教材始终、充分适应不断创新与发展的工学结合、工学交替、教学做合一和项目教学、任务驱动、案例教学、现场教学和顶岗实习等"理实一体化"教学组织与实施形式。

2. 以"做"为中心的"教学做合一"教材

　　本书按照"以学生为中心、以学习成果为导向、促进学生自主学习"的思路进行教材开发设计，弱化"教学材料"的特征，强化"学习资料"的功能，将"以装配式建筑施工岗位任职要求、职业标准、工作过程"作为主体内容，将相关理论知识点分解到工作任务中，便于运用"工学结合""做中学""学中做"和"做中教"的教学模式，体现"教学做合一"的理念。

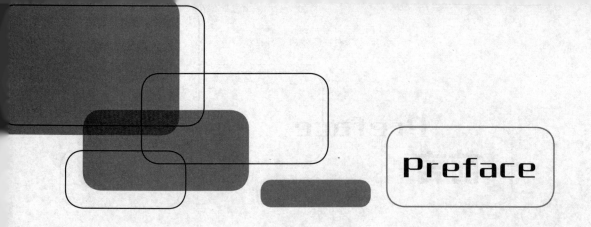

Preface

3. 编写体例、形式和内容适合职业教育特点

本书结构设计符合学生认知规律，采用模块化设计，以"任务"为驱动，强调"理实一体、学做合一"，更加突出实践性，力求实现情境化教学。本书共分9个学习任务，下设任务工单，激发学生的学习兴趣，明确学生的学习目标。每一个学习任务以"接收任务及技术交底、制定方案与组织实施、质量验收、总结与评价"四个工作环节为主线，详细编制了装配式建筑施工过程中的作业项目、操作要领和技术要求等内容。符合学生的认知规律和接受能力。

4. 新形态一体化教材，实现教学资源共建共享

发挥"互联网＋教材"的优势，本书配备二维码学习资源，通过手机扫描书中的二维码，即可获得在线数字课程资源支持。同时，提供配套教学课件、课程标准、技能训练答案及解析等供任课教师使用。新形态一体化教材便于学生及时学习和个性化学习，有助于教师借此创新教学模式。

本书由常州工程职业技术学院沈程、徐苗苗担任主编；由常州工程职业技术学院戴玉伟、范优铭担任副主编；建交云装配式产业发展（常州）有限公司戴铃华，绿砼（江苏）建筑科技有限公司丁一凡、吉祥参与本书编写。具体编写分工如下：沈程编写学习任务1、3，徐苗苗编写学习任务2、4，戴玉伟编写学习任务5，范优铭编写学习任务6，戴铃华编写学习任务7，丁一凡编写学习任务8，吉祥编写学习任务9。全书由常州工程职业技术学院李雄威主审，由沈程统稿。

由于编者水平有限，书中难免存在疏漏和不妥之处，恳请广大读者批评指正！

编　者

Contents

目录

学习任务1　预制构件的存放与运输 ························· **1**

　任务工单 ··· 1

　学习活动1　接收任务及技术交底 ····················· 2

　学习活动2　制定方案与组织实施 ····················· 5

　学习活动3　质量验收 ································· 12

　学习活动4　总结与评价 ······························· 14

学习任务2　预制柱构件吊装 ····························· **16**

　任务工单 ·· 16

　学习活动1　接收任务及技术交底 ····················· 17

　学习活动2　制定方案与组织实施 ····················· 19

　学习活动3　质量验收 ································· 32

　学习活动4　总结与评价 ······························· 33

学习任务3　预制剪力墙吊装 ····························· **35**

　任务工单 ·· 35

　学习活动1　接收任务及技术交底 ····················· 36

　学习活动2　制定方案与组织实施 ····················· 40

　学习活动3　质量验收 ································· 49

　学习活动4　总结与评价 ······························· 50

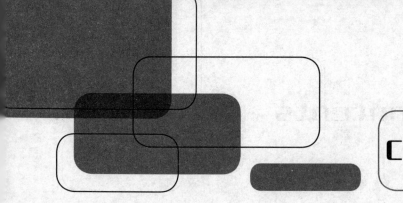

Contents

学习任务4　预制剪力墙套筒灌浆施工 ················· **52**

任务工单 ·· 52

学习活动1　接收任务及技术交底 ···················· 53

学习活动2　制定方案与组织实施 ···················· 56

学习活动3　质量验收 ······························ 68

学习活动4　总结与评价 ···························· 69

学习任务5　预制构件后浇节点连接施工 ················· **71**

任务工单 ·· 71

学习活动1　接收任务及技术交底 ···················· 72

学习活动2　制定方案与组织实施 ···················· 78

学习活动3　质量验收 ······························ 86

学习活动4　总结与评价 ···························· 88

学习任务6　叠合梁吊装 ···························· **90**

任务工单 ·· 90

学习活动1　接收任务及技术交底 ···················· 91

学习活动2　制定方案与组织实施 ···················· 93

学习活动3　质量验收 ······························ 98

学习活动4　总结与评价 ···························· 99

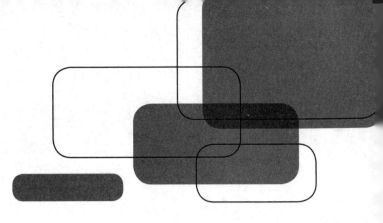

Contents

学习任务7   叠合楼板、阳台板、空调板吊装 ……… **101**

任务工单 …………………………………………………… 101

学习活动1   接收任务及技术交底 …………………………… 102

学习活动2   制定方案与组织实施 …………………………… 104

学习活动3   质量验收 ……………………………………… 111

学习活动4   总结与评价 …………………………………… 112

学习任务8   预制楼梯吊装 ……………………………… **114**

任务工单 …………………………………………………… 114

学习活动1   接收任务及技术交底 …………………………… 115

学习活动2   制定方案与组织实施 …………………………… 117

学习活动3   质量验收 ……………………………………… 120

学习活动4   总结与评价 …………………………………… 121

学习任务9   预制外墙拼缝处理 …………………………… **123**

任务工单 …………………………………………………… 123

学习活动1   接收任务及技术交底 …………………………… 124

学习活动2   制定方案与组织实施 …………………………… 127

学习活动3   质量验收 ……………………………………… 131

学习活动4   总结与评价 …………………………………… 132

Contents

附录 ·· **134**

　　附件1：《装配式建筑智能建造》赛项 – 剪力墙外墙板吊装

　　实操评分标准 ·································· 134

　　附件2：《装配式建筑智能建造》赛项 – 剪力墙内墙板吊装

　　实操评分标准 ·································· 139

　　附件3：《装配式建筑智能建造》赛项 – 叠合板吊装实操

　　评分标准 ·· 144

　　附件4："1+X"装配式建筑构件制作与安装职业技能等级证书 –

　　"密封防水"实操考核评定表 ················· 147

参考文献 ·· **150**

▶▶▶ 学习任务 1　预制构件的存放与运输

任务工单

一、任务情景描述

上海市嘉定区××装配式安置房项目，根据土建施工进度要求向预制构件厂提出构件供货计划，预制构件厂委托××院根据供货计划要求的构件种类、数量及到场时间，制定预制构件的存放及运输方案，构件进场后委托××院进行组织验收。

二、学习活动及学时分配

学习活动及学时分配见表 1-1。

表 1-1　学习活动及学时分配

活动序号	学习活动	学时安排	备注
1	技术交底	1	
2	制定方案与组织实施	1.5	
3	质量验收	1	
4	总结拓展	0.5	

三、学习目标

1. 知识目标
（1）掌握不同预制构件的运输方式；
（2）了解不同预制构件的装卸要求；
（3）掌握不同预制构件的存放要求。

2. 能力目标
（1）能根据预制构件的类型、尺寸及质量等要求，制定运输方案；
（2）能组织水平预制构件存放；
（3）能组织竖向预制构件存放。

3. 素质目标
（1）培养统筹兼顾、通盘考虑、统一规划的大局观；
（2）培养严谨、精益求精的工作态度。

四、任务简介

完成预制构件的存放与运输作业需要 4 名学员。核心任务包括预制叠合板、预制楼梯、预制梁、预制柱、预制墙板的存放与运输；延伸任务包括预制构件装卸车、封车固定。在完成核心任务和延伸任务的过程中，落实质量管理、安全管理和文明作业要求。

学习活动 1　接收任务及技术交底

技术交底书见表 1-2。

表 1-2　技术交底书

技术交底记录						资料编号	
工程名称	上海市嘉定区××装配式安置房项目						
施工单位						审核人	
分包单位						☑施工组织总设计交底	
交底单位						☑单位工程施工组织设计交底 ☑施工方案交底	
接收交底范围						☑专项施工方案交底 ☑施工作业交底	

交底内容：

一、概况

子项		层数	水平预制构件部位				竖向预制构件	预制楼梯
			叠合梁	叠合板	空调板	阳台板	预制柱	
××地块	1 号楼	1～15	1 层顶及以上（不含屋面）				1 层顶及以上	2 层以上
	2 号楼	1～15	1 层顶及以上（不含屋面）				1 层顶及以上	2 层以上

二、准备工作

1. 人员准备

1 名组长，负责统筹、协调；1 名负责运输车辆和作业环境检查人员；1 名负责隔离材料的准备人员；1 名负责封车带、柔性衬垫材料人员。

2. 材料准备

（1）木板：20 mm×150 mm×200 mm。

（2）方木：边长为 100 mm 或边长为 150 mm 的立方体。

（3）垫木：100 mm×100 mm×（300～500）mm。

（4）可调节柔性封车带。

3. 机具准备

（1）运输车：重型半挂牵引车或者专用运输车，车辆载重量和车身尺寸符合预制构件要求。

（2）主要工具：扳手、钢丝绳吊具、卡环、吊装梁、预制楼梯吊具等。

4. 现场准备

（1）卸车场地平整、易排水。

（2）构件按区段进行编号，分规格码放整齐。

三、预制构件的运输

1. 运输准备工作

预制构件厂往往是固定式工厂，工厂与项目施工现场存在一定的距离，这就涉及预制构件的运输问题。预制构件的运输准备工作主要包括制定运输方案、勘察运输线路、选择运输方式、清查构件清单和车辆组织等。

2. 运输方式

预制构件的运输可采用低平板半挂车或专用运输车，并根据构件的种类不同而采取不同的固定方式，必要时，也可以采用专用运输架配合运输。楼板采用平面堆放式运输、墙板采用斜卧式或立式运输、异形构件采用立式运输。目前，国内三一重工和中国重汽生产的预制构件专用运输车，已大量使用。

预制构件运输方式有立式运输和水平运输两种。

(1) 立式运输。立式运输是在低盘平板车上根据专用运输架情况，墙板对称靠放或插放在运输架上，当采用靠放运输时，靠放支架应采用满足刚度要求的槽钢制作，倾斜角度保持 5°~10°。立式运输装卸方便、装车速度快，运输时安全性较好，但预制构件的高度或运输车底盘较高时可能会超高，无法在限高路段上通行（图 1-1、图 1-2）。

图 1-1　预制构件立式运输

图 1-2　预制构件靠放运输

(2) 水平运输。水平运输是将预制构件平放在运输车上，单层或多层叠放在一起进行运输。水平运输装车后重心低、运输安全性好、运输效率较高，但是对运输车底板平整度和装车时的支垫位置、支垫方式和装车后的封车固定要求较高（图 1-3、图 1-4）。

图 1-3　预制叠合板水平运输

图 1-4　预制柱水平运输

四、预制构件的堆放

1. 预制叠合板堆放

(1) 预制叠合板运至现场后，按计划码放在临时堆场上。临时堆放场地应设在塔式起重机吊重的作业半径内（具体详见现场平面布置图）。场地应压实平整，平放码垛，做到上、下对齐，垫平垫实。

(2) 预制叠合板应按型号、规格分别堆放，同一施工部位的应相邻堆放。

(3) 预制叠合板堆放完毕后，应立即进行验收工作，着重对板的外观、几何尺寸和预埋钢筋、预埋件进行复验，检查时如发现缺陷，应立即通知生产厂家修复，并做好记录。

2. 梁、柱的存放

（1）梁、柱应存放在指定的存放区域，存放区域地面应保持水平，分型号码放、水平放置。

（2）第一层梁应放在 H 型钢（型钢长度根据通用性一般为 3 000 mm）上，保证长度方向与型钢垂直，型钢距构件边为 500～800 mm，长度过长时，应在中间间距 4 m 处放置一道 H 型钢。

（3）根据构件长度和质量，梁最高叠放 2 层，柱最高叠放 3 层。层间用 100 mm×100 mm×500 mm 的方木隔开，保证各层之间木方水平投影重合于 H 型钢。

3. 预制楼梯堆放

（1）预制楼梯构件应分类重叠存放，分类是根据楼梯板的型号按照蓝图分类存放。

（2）分类存放是要求预制楼梯按照楼梯的上、下梯段配套存放，分类是要严格检查楼梯的栏杆插孔、楼梯的防滑槽位置，以防楼梯板反向，保证楼梯吊装时能够顺利、快速。

（3）预制楼梯采用平法堆放，构件重叠平放时两路层之间必须放 100 mm×100 mm 的方木支垫。预制楼梯构件应分类重叠存放。每垛不宜超过 4 块。

（4）预制楼梯堆放完毕后，应立即进行验收工作，着重对板的外观、几何尺寸和预埋钢筋、预埋件进行复验。检查时如发现缺陷，应立即通知生产厂家修复，并做好记录。

4. 预制空调板堆放

（1）预制空调板运至现场后，按计划码放在临时堆场上。临时堆放场地应设在塔式起重机的作业半径内，且场地应平整、坚实。

（2）卸车时，应认真检查吊具与预制空调板背面的 4 个预埋压环是否扣牢，确认无误后方可缓慢起吊。

（3）预制空调板应按型号、规格分别码垛堆放，每垛不宜超过 6 块。

（4）预制空调板以 4 个支点码放，最好用木方做垫块。

（5）预制空调板堆放完毕后，应立即进行验收工作，着重对板的外观、几何尺寸和预埋钢筋、预埋件进行复验。检查时如发现缺陷，应立即通知生产厂家修复，并做好记录

交底人		接收交底人数		交底时间	
接收交底人员					

PC 构件运输道路的规划

学习活动 2 制定方案与组织实施

一、供货计划与出厂验收

土建分包根据现场进度需求，向构件厂提出构件供货计划表（表 1-3），构件厂根据计划表所要求的构件种类、数目及到场时间安排出货。

构件厂收到计划表后，由货区主管组织厂内质检员及驻场监理进行自检。

表 1-3 构件供货计划表

工程名称：_____ 楼号：_____ 楼层：_____ 单元：_____

车次	构件编号	构件名称	构件数目	到场时间
第一车	YZB1、YZB2、YZB2F、YZB3、YZB4、YZB5、YZB6、YZB6F、YZB7、YZB8、YZB9、YZB10、YZB11、YZB12	叠合板	12	2023 年××月××日 8 点前送达现场
第二车	YZZ1、YZZ2、YZZ3、YZZ4、YZZ5、YZZ6、YZZ7、YZZ8、YZZ9、YZZ10、YZZ11、YZZ12	叠合柱	12	2023 年××月××日 8 点前送达现场
第三车	YZL1、YZL2、YZL3、YZL4、YZL5、YZL6、YZL7、YZL8、YZL9、YZL10、YZL11	叠合梁	11	2023 年××月××日 8 点前送达现场
第四车	YLT1、YLT2、YLT3、YLT4、	叠合楼梯	4	2023 年××月××日 8 点前送达现场
第五车	YZQ1、YZQ2、YZQ3、YZQ4、YZQ5、YZQ6、YZQ7、YZQ8、YZQ9、YZQ10	预制剪力墙	10	2023 年××月××日 8 点前送达现场

备注：请提前 48 h 填写该表格。

栋号工长：_____ 生产经理：_____ 填写日期： 年 月 日

二、构件装车运输

对于不熟悉的运输路线，必须事先与驾驶员共同勘察，弄清路线上的桥梁、隧道、电线等对高度的限制，查看有无大车无法转弯的急弯或限制质量的桥梁，以及有无限行区，并确定绕行路线。对驾驶员进行运输要求交底，如不得急刹车、急提速及右转先停车等。

构件用行车吊至运输车上，装车时避免构件的磕碰破坏，车上放置适合构件运输的运输台架（竖向装车）或垫块（横向装车）。运输过程中为了防止构件发生摇晃或移动，要用钢丝绳或夹具对构件进行充分固定。

引导问题：立式运输方式适用于哪些预制构件？

_____

_____

_____

_____

预制叠合板、叠合梁、预制柱、预制楼梯等构件宜采用水平运输。不同预制构件水平运输的区别见表1-4。

表 1-4　不同预制构件水平运输的区别

预制构件	叠合板	梁、柱	预制楼梯	空调板、阳台板
隔离材料及要求	垫木：长、宽、高不小于100 mm，垫木距板端200～300 mm	方木：100 mm×100 mm 或 300 mm×300 mm	垫木：长、宽、高不小于100 mm；最下面垫木为通长垫木	同叠合板
支点位置	按照设计给出的支点或者吊点支撑，两侧支点距离端部200～300 mm	两点支撑，支点取长度1/5	在吊点处支撑	同叠合板
层数	6	2	2	3

预制剪力墙宜采用立式或靠式运输。当采用立式运输时，应采取防止构件倾倒的措施，预制构件之间应设置隔离垫块。当采用靠式运输时，预制构件与地面之间的倾斜角宜大于80°，预制构件应对称靠放，每侧不大于2层，预制构件层间上部采用木垫块隔离。

三、构件进场验收

构件进场后，根据预制构件质量验收标准，进行逐块验收，包括外观质量、几何尺寸、预埋件、预留孔洞等，对不合格品予以退场。

（1）要求外观质量不得有严重缺陷；

（2）对露筋、疏松、夹渣等一般缺陷，按技术方案进行处理后，重新检查验收；

（3）对裂缝采用"刻度放大镜"进行检查，出现大于 0.1 mm 的裂缝，按不合格品退场，对≤0.1 mm 的裂纹需进行补修。

预制构件验收流程如图 1-5 所示。

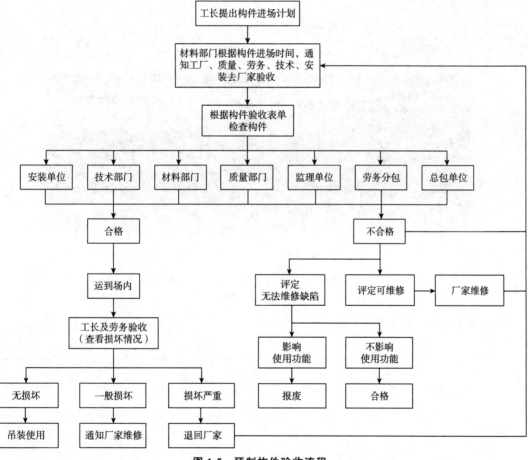

图 1-5 预制构件验收流程

引导问题：一般损坏包含哪些类型？当预制构件出现一般损坏时，应如何处理？

_____

_____

_____

_____

四、构件堆放

预制构件运至现场后，可直接从运输车上起吊安装，这样，能有效减少二次搬运，提高功效、节约成本。当预制构件需求量较大时，可在现场堆放。

施工现场的道路应满足预制构件的运输要求，在卸放、吊装工作范围内，不得有障碍物，并应有满足预制构件周转使用的场地。预制构件堆放宜布置在吊车工作范围内，且不受其他工序施工作业影响的区域，满足吊装时的起吊、翻转等动作的操作空间，同时，确保预制构件起吊方便且占地面积小。预制构件的堆放顺序要与现场吊装顺序相匹配，先吊的预制构件放在上层或外侧，后吊的预制构件放在下层或内侧，以减少二次搬运。

现场的堆放要求

（1）叠合板（图1-6）。

支点距离端部：_____　　人行道≥_____

总层数≤_____

垫木应：_____　　构件与地面留有_____

图1-6　叠合板

引导问题：简述叠合板堆放的注意事项。

_____

_____

_____

_____

_____

_____

_____

_____

_____

（2）叠合梁（图1-7）。

图1-7　叠合梁

预制构件的堆放

学中做：

预制构件堆放储存对场地要求应平整、（　　）、有排水措施。

A. 清洁　　　　　B. 坚实　　　　　C. 牢固　　　　　D. 宽敞

引导问题：简述叠合梁堆放的注意事项。

_____

_____

_____

_____

_____

_____

（3）预制柱（图1-8）。

图1-8　预制柱

引导问题：简述预制柱堆放的注意事项。

_____

_____

_____

_____

_____

_____

_____

_____

（4）预制楼梯（图1-9）。

图1-9　预制楼梯

引导问题：简述预制楼梯堆放的注意事项。

_____

_____

_____

_____

_____

_____

_____

_____

_____

（5）预制阳台板（图1-10）。

图1-10 预制阳台板

引导问题：简述预制阳台板堆放的注意事项。

_____

_____

_____

_____

_____

_____

_____

_____

_____

_____

_____

_____

_____

_____

_____

_____

_____

学习活动 3 质量验收

预制构件验收单见表 1-5。

表 1-5 预制构件验收单

工程名称：_____   送货单位：_____   日期：_____   编号：_____

构件编号	进场时间	规格型号	单位	构件数量	使用栋号	使用楼层	备注

验收内容								
验收部门	验收部位	验收项目			检验方法	设计要求及规范	检查结果	签名
工长	夹心保温外墙混凝土、梁、板	长度/mm	楼板、梁、柱桁架	＜12 m				
				≥12 m 且＜18 m				
				≥18 m				
			墙板					
		宽度、高度	楼板、梁、柱、桁架					
			墙板					
		预埋吊件	尺寸位置					
		叠合板	桁架筋高度					
		预埋件	对拉螺杆预埋件位置、通畅情况					
			七字码中心线位置					
			斜支撑预埋件位置					
			预埋套筒、螺母与混凝土面平面高差					
质量部门	外墙混凝土、梁、板	表面平整度	楼板、梁、柱、墙板内表面					
			墙板外表面					
		对角	楼板					
		预留插筋	外露长度					
	门窗洞口尺寸	门窗槽口、宽度、高度	≤1 500 mm					
			＞1 500 mm					
		门窗槽口对角线长度差	≤2 000 mm					
			＞2 000 mm					
安装单位	线盒、线管	线盒	线盒数量、位置					
		线管	线管洞位置、数量、封堵情况					

构件编号	进场时间	规格型号	单位	构件数量	使用栋号	使用楼层	备注

验收内容							

验收部门	验收部位	验收项目		检验方法	设计要求及规范	检查结果	签名
技术部门	外墙混凝土、梁、板	预留孔	外挂架孔洞位置、孔尺寸				
			楼梯、阳台预留孔洞位置				
			注浆孔位置、数量				
			PCF板连接件、固定件孔				
		预留洞	中心线位置				
			孔尺寸				
	合格证及证明文件						

收货联系人	

供货联系人	

监理	

学习活动 4　总结与评价

一、撰写项目总结

要求：（1）语言精练、无错别字。

（2）编写内容主要包括学习内容、体会，学习中的优缺点及改进措施。

（3）300 字左右。

项目总结见表 1-6。

表 1-6 ＿＿＿＿＿＿＿＿＿项目总结

1. 遇到的问题及解决措施

2. 工作过程

序号	主要工程步骤	要点

二、学习任务评价表

评价项目	评价标准	评价依据	评价方式			权重	得分小计	总分
			自评	小组评价	教师评价			
			0.2	0.3	0.5			
职业素养	1. 遵守课题纪律和教师安排； 2. 正确理解并执行安全措施； 3. 团队合作精神	考勤表				0.3		
专业能力	1. 能描述预制构件的运输方式； 2. 能根据预制构件类型，选择正确的运输方式； 3. 能组织不同预制构件的存放并满足规范要求	正确理解预制构件运输与存放的要求				0.7		

教师签名：   日期：

▶▶▶ 学习任务 2 预制柱构件吊装

任务工单

一、任务情景描述

上海市嘉定区××装配式安置房项目，根据土建施工进度计划组织 5 层预制柱吊装作业，施工单位委托××院制定施工方案、组织预制柱吊装实施，并对吊装完成的预制柱组织验收。

二、学习活动及学时分配

学习活动及学时分配见表 2-1。

表 2-1 学习活动及学时分配

活动序号	学习活动	学时安排	备注
1	技术交底	1	
2	制定方案与组织实施	2	
3	质量验收	0.5	
4	总结拓展	0.5	

三、学习目标

1. 知识目标

（1）了解预制构件吊装所需要的工具；

（2）掌握预制柱吊装工艺流程；

（3）掌握预制柱吊装质量验收标准。

2. 能力目标

（1）能组织预制柱现场吊装作业；

（2）能组织预制柱安装工程验收。

3. 素质目标

（1）培养施工管理中统筹兼顾的思维意识，树立大局观、质量观；

（2）追求严谨、细致、精益求精的工匠精神；

（3）增强团队协作意识，树立制度自信和管理自信。

四、任务简介

完成预制柱的吊装作业需要 5 名学员。预制柱吊装作业主要包括：首先，对楼面预制柱安装面进行处理；其次，根据测量方案通过垫片对预制柱安装标高进行控制，指挥预制柱试吊、确保安全后吊运至指定楼面位置，沿着预制两个方向安装临时支撑并校正；最后，对预制柱安装进行质量验收，填写验收表。

学习活动1 接收任务及技术交底

技术交底书见表 2-2。

表 2-2 技术交底书

技术交底记录		资料编号	
工程名称			
施工单位		审核人	
分包单位		☑施工组织总设计交底	
		☑单位工程施工组织设计交底	
交底单位		☑施工方案交底	
		☑专项施工方案交底	
接收交底范围		☑施工作业交底	

交底内容：

一、准备工作

(1) 人员准备。组长1名（兼楼面指挥员），负责统筹、协调；起重机司机1名；构件装配工4名（挂钩员1名、测量员1名、安装员2名）；地面指挥员1名；构件装配工（地面）1名。

(2) 技术准备。熟悉、审查施工图纸和有关的设计资料，检查图纸是否齐全，图纸本身有无错误和矛盾，设计内容与施工条件是否一致，各工种之间搭接配合是否有问题等。同时，熟悉有关设计数据，结构特点及土层、地质、水文、工期要求等资料。

(3) 机具、设备准备。主要工具、设备、辅助材料有斜支撑、钢梁、金属垫块、吊爪、吊钩、防坠器、卸扣、对讲机、电动扳手、手动扳手、靠尺、撬棍等。应在开工前，准确计算所有机械设备工具用量，根据施工日期，提前定制，以免耽误施工。

本工程塔式起重机全部覆盖施工区域，塔式起重机满足工程吊装需要。

常用设备、工器具及辅材

(4) 现场准备。卸车场地应平整、易排水；构件按区段进行编号，分规格码放整齐。

二、吊装作业要求

(1) PC预制构件单个度量普遍较大，完全靠构件顶部的预埋吊具承受构件质量。因此，构件在进场前必须确保其强度达到规定的起吊强度（不低于设计强度的75%），否则，严禁进行起吊作业。生产工厂必须严格控制出场的PC构件强度，以防止吊具被拔出，构件脱落造成安全事故。

(2) PC预制构件进场后，对每个构件的外观质量进行验收，包括吊环、吊点的位置等是否与图纸一致。对于构件有明显缺陷的、尺寸偏差超过规定的、出厂资料（包括材料复试报告）不齐全或不符合要求的、装车顺序混乱的，一律不予接收。

(3) PC预制构件在吊装作业中，严格按照预先设计的吊装顺序进行吊装作业。不得改变吊装顺序，如确实有必要更改，须经过技术负责人的同意。同时，将更改后的顺序通知工厂，按照新的吊装顺序安排生产和物流装车。

(4) PC预制构件在吊装作业中，必须设置专业人员负责吊装指挥。堆场设置2名专业人员负责挂吊钩、扶正构件缓缓起吊。吊离地面或车厢底板0.5 m高度时，由1名负责人再次检查构件表观质量，如有开裂、缺损等质量问题，严禁起吊，检查无误后开始缓慢起吊。在起吊旋转过程中，严禁从人头顶上经过，并且在构件吊装区设置醒目的警示牌。指挥人员需提醒相关人员退避至安全区域，待构件吊至安装部位上约1 m高度处停止下降，由至少2名专业人员利用引导绳（缆风绳）扶正构件后，指挥人员指挥塔式起重机司机缓缓下降起吊构件，直至构件安装平稳并固定牢固后，取掉吊钩，开始重复下一个构件的吊装作业。

技术交底记录		资料编号	

（5）所有进场的钢管、方木等支撑体系所需的材料，必须为合格产品，严禁将有明显缺陷或不合格产品用于搭设支撑架体。

（6）按照最重的 PC 预制构件计算所用钢丝绳，每个吊装班组体至少配置 2 套同直径的起吊钢丝绳（备用一套，作为报废钢丝绳换新之用），每天下班前务必检查钢丝绳有无磨损迹象。在起吊作业时，严禁将钢丝绳直接接触 PC 预制构件，必须通过吊具进行起吊：一是确保起吊安全；二是防止钢丝绳直接接触预制构件会造成磨损，影响钢丝绳的承载力。

（7）PC 预制构件所预埋吊具，必须采用合格产品（低碳素钢，严禁采用高碳素钢），不得有裂纹及其他缺陷，预埋深度及平面位置严格按照设计要求执行，且预制构件出厂前的混凝土强度必须达到设计强度的 75%。

三、工艺流程

预制柱吊装工艺流程如图 2-1 所示。

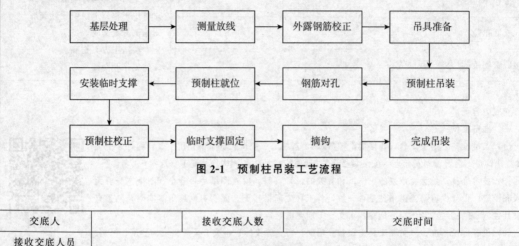

图 2-1　预制柱吊装工艺流程

交底人		接收交底人数		交底时间	
接收交底人员					

预制柱的安装

学习活动 2 制定方案与组织实施

一、人员准备

5 名学员为一组，其中指挥员（兼组长）1 名、挂钩员 1 名、测量员 1 名、安装员 2 名。5 名学员安装岗位分工并轮换岗位反复组织实施，预制柱构件吊装班组岗位分工，见表 2-3。

表 2-3 预制柱构件吊装班组岗位分工表

序号	岗位	工作内容	职责要求	备注
1	指挥员			
2	挂钩员			
3	测量员			
4	安装员			

在吊装作业之前，班组应进行班前会议，明确岗位分工和操作要领，指导教师对学员进行安全技术交底，强调安全隐患及注意事项。5 名学员全程佩戴胸牌和安全帽，以强化角色感知。

二、设备及工器具准备

设备及工器具准备见表2-4。

表2-4　设备及工器具准备

序号	示意图	名称	使用人	备注
1				
2				
3				
4				
5	指挥员			

序号	示意图	名称	使用人	备注
6				
7				
8				
9				
10				
11				

序号	示意图	名称	使用人	备注
12				
13				
14				

引导问题：安全三宝指的是哪些？为何在吊装现场需要注意安全问题？

_____

_____

_____

_____

_____

_____

_____

_____

_____

_____

三、安装面处理

（1）将安装结合面凿毛并清理干净，也可以在楼板叠合层混凝土初凝前拉毛。

引导问题：凿毛或者拉毛的目的是什么？

_____

_____

_____

_____

_____

_____

_____

_____

_____

_____

_____

（2）根据定位轴线，在安装面上弹出预制柱的边线及_____控制线（图 2-2）。

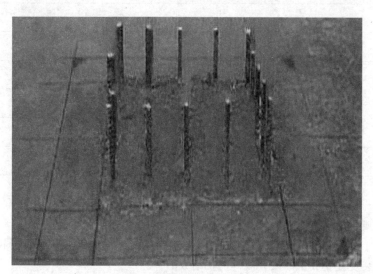

预制柱安装与
支撑体系

图 2-2　预制柱边线及控制线

（3）应将安装面外露钢筋表面包裹的水泥浆或其他杂物清理干净，以免影响套筒灌浆连接。

外露钢筋的位置及外露长度应符合表 2-5 的要求。

表 2-5　外露钢筋的位置及外露长度

项目	允许偏差/mm	检查方法
外露钢筋中心位置		
外露钢筋外露长度		

当外露钢筋外露长度超过规范允许偏差时，应对超过部分采用＿＿＿＿＿切割，不得采用气焊或气割，以免影响套筒就位。当外露钢筋垂直度偏差较小时，可以通过＿＿＿＿＿将钢筋小心调直，当垂直度偏差较大或外露钢筋中心位置偏差过大时，应提请设计单位出具补救措施。

四、标高控制

在装配式建筑设计中，竖向预制构件与楼面标高之间有 20 mm 的间隙。

引导问题：留出 20 mm 间隙的目的是什么？

_____

_____

_____

_____

_____

_____

_____

_____

_____

_____

_____

_____

（1）在周边结构或者钢筋上测设 1 m 控制线，并做好标记。

（2）在预制柱与 1 m 标记中间架设水准仪，在 1 m 控制线上安放水准尺，测得后视读数 A。

（3）在预制柱安装位置安放水准尺，测得前视读数 B。

当 $B=A+980$ mm 时，柱子底部等于设计标高；

当 $B>A+980$ mm 时，柱子底部低于设计标高；

当 $B<A+980$ mm 时，柱子底部高于设计标高。

引导问题：当 $B \neq A + 980$ mm 时，该怎么处理？

_____

_____

_____

_____

_____

_____

_____

绘制预制柱底部标高测量方案，如图 2-3 所示。

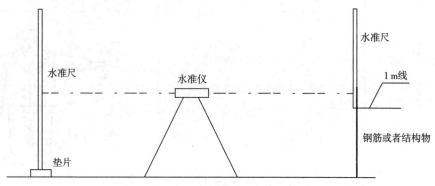

图 2-3　绘制预制柱底部标高测量方案

在实际施工中，预制柱底部标高可通过垫片控制。预制柱就位前，在安装面范围内的楼板上搁置钢制或硬质塑料垫片，根据楼板结构面层的实际标高，通过调整垫片的厚度来保证预制柱底部设计标高。垫片可由 1 mm、2 mm、3 mm 等不同厚度，进行组合使用（图 2-4）。

图 2-4　标高控制垫片

预制柱底部的支撑垫片应设置在结合面的 3 个点上，并应呈三角形分布，同时保证足够的间距。单块支撑垫片的面积不宜大于构件连接面面积的 3%，并不宜因面积过小使构件接触面产生压痕。

五、起吊就位

起吊指令操作要点及图示见表 2-6。

表 2-6　起吊指令操作要点及图示

指令	操作要点	图示
操作开始（准备）	手心打开、朝上，水平伸直双臂	
停止（正常停止）	单只手臂，手心朝下，从胸前至一侧水平摆动手臂	
紧急停止（快速停止）	两只手臂，手心朝下，从胸前至两侧水平摆动手臂	
结束指令	胸前紧扣双手	

指令	操作要点	图示
平稳或精确地减速	掌心对扣，环形互搓。这个信号发出后应配合发出其他的手势信号	
指示垂直距离	将伸出的双臂保持在身体正前方，手心上、下相对	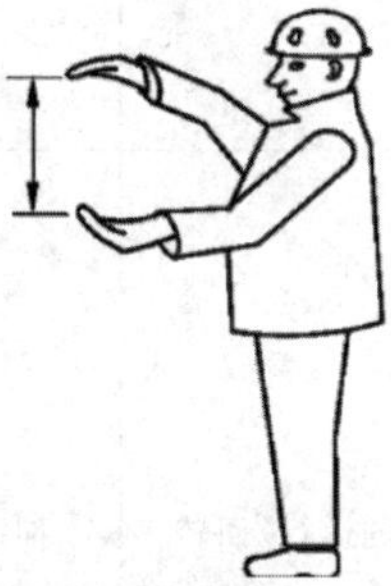
匀速起升	一只手臂举过头顶，握紧拳头并向上伸出食指，连同前臂小幅地水平画圈	
慢速起升	一只手给出起升信号，另一只手放在这只手的手心上方	
匀速下降	向下伸出一只手臂，离身体一段距离，握紧拳头并向下伸出食指，连同前臂小幅地水平画圈	

指令	操作要点	图示
慢速下降	一只手给出下降信号，另一只手放在这只手的手心下方	
指定方向的运行/回转	伸出手臂，指向运行方向，掌心向下	
驶离指挥人员	双臂在身体两侧，前臂水平地伸向前方，打开双手，掌心向前，在水平位置和垂直位置之间，重复地上、下挥动前臂	
驶向指挥人员	双臂在身体两侧，前臂保持在垂直方向，打开双手，掌心向上，重复地上、下挥动前臂	

1. 吊装前清理

在预制柱正式吊装之前，应对构件进行清理，重点对灌浆套筒内的混凝土浮灰及残渣进行清理，并检查灌浆孔和出浆孔是否畅通。

2. 试吊

预制柱顶部一般设置2～4个吊点，吊点可采用吊环或吊钉。在正式吊装之前，进行试吊，当需要缆风绳时，一并固定在预制柱上，试吊高度不得大于_____。

引导问题：预制柱试吊的目的是什么？

_____

_____

_____

_____

_____

_____

_____

_____

_____

3. 正式起吊

确认试吊没有问题后，周围人员撤离至安全区域，由地面信号工指挥吊机缓缓吊起柱子。预制柱吊装至施工操作层时，操作人员应站在楼层内，用专用钩子将预制柱上系扣的缆风绳钩至楼层内，当预制柱吊至距离安装楼面约1 m时，由吊装工上前手扶，引导预制柱缓慢降落。当预制柱降至外露钢筋顶部10～20 cm时停止，吊装工手扶构件缓慢下落，利用镜子观察外露钢筋与柱底部套筒的位置关系，预制柱套筒对准外露钢筋时，缓慢下落至楼面标高（图2-5）。

图 2-5 预制柱就位

引导问题：当预制柱就位后，位置与控制线有偏差时，怎么处理？

_____

_____

_____

_____

_____

_____

_____

_____

_____

_____

_____

_____

_____

六、安装临时支撑并校正

预制柱安装就位后，在两个方向设置可调斜撑做临时固定。根据图纸在 X、Y 两个方向各安装一根斜支撑，然后对预制柱的两个方向垂直度进行复核，通过可调节长度的斜支撑进行垂直度的调整，直至垂直度满足要求（图 2-6）。

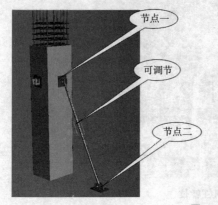

图 2-6　斜支撑

引导问题：预制柱用什么工具检查垂直度？垂直度需满足的标准是多少？

_____

_____

_____

_____

_____

_____

_____

_____

_____

_____

_____

_____

七、摘钩

挂钩员提出摘钩建议，搭设爬梯，测量员辅助爬梯，挂钩员爬上爬梯，从两个吊点上卸下卸扣，将卸扣安装在吊索上，同时拆掉牵引绳并套在吊索上，起升吊钩，使吊索、卸扣和牵引绳等离开预制构件（注意防范吊具和牵引绳绊在一起互相碰撞）；继续吊装下一个预制构件，或将吊钩下落地面，将卸扣和牵引绳收起来放好。

学中做：

1. 预制柱吊装到位后，及时将斜撑固定在预制柱及预制楼板预埋件上，最少需要在预制柱的（　　）设置斜撑，然后对预制柱的垂直度进行复核，同时，通过可调节长度的斜撑垂直度调整，直至垂直度满足要求。

A. 一面　　　　　　　B. 两面　　　　　　　C. 三面　　　　　　　D. 四面

2. 预制柱翻身时，应确保本身能承受自重产生正负弯矩值，其两端距端面（　　）柱长处应垫方木或枕木垛。

A. 1/5～1/6　　　　　B. 1/8～1/10　　　　C. 1/2～1/3　　　　D. 1/6～1/8

3. 预制柱安装就位后，可通过临时支撑对构件的位置和（　　）进行微调。

A. 垂直度　　　　　　B. 标高　　　　　　　C. 长度　　　　　　　D. 宽度

学习活动 3 质量验收

预制柱安装质量验收

预制柱安装检验批质量验收记录见表 2-7。

表 2-7 预制柱安装检验批质量验收记录

工程名称						
施工单位						
单位工程名称				分部工程名称		
分项工程名称				验收部位		
项目经理		技术负责人			检验日期	
验收执行标准名称及编号			《装配式混凝土结构技术规程》（JGJ 1—2014）			
施工质量验收规范的规定		检查结果/实测点偏差值或实测值				
项目	检验方法	实测值/mm		规范允许值/mm		结论
预制柱中心线对轴线位置				10		
预制柱地面或者顶面标高				±5		
预制柱垂直度				<5 m	5	
				≥5 m 且 <10 m	10	
				≥10 m	20	
预制柱表面平整度				5		
施工单位检查评定结果		项目专业质量检查员： 年 月 日				
监理（建设）单位验收结论		专业监理工程师： （建设单位项目专业技术负责人） 年 月 日				

学习活动 4　总结与评价

一、撰写项目总结

要求：（1）语言精练、无错别字。

（2）编写内容主要包括学习内容、体会、学习中的优缺点及改进措施。

（3）300 字左右。

项目总结见表 2-8。

表 2-8　＿＿＿＿＿＿＿＿＿　项目总结

1. 遇到的问题及解决措施

2. 工作过程

序号	主要工程步骤	要点

二、学习任务评价表

评价项目	评价标准	评价依据	评价方式			权重	得分小计	总分
			自评	小组评价	教师评价			
			0.2	0.3	0.5			
职业素养	1. 遵守课题纪律和教师安排； 2. 正确理解并执行安全措施； 3. 团队合作精神	考勤表				0.3		
专业能力	1. 能描述预制柱安装工艺流程； 2. 能正确选择并使用吊装工器具； 3. 能组织预制柱吊装； 4. 能组织预制柱吊装质量验收	正确完成预制柱吊装工艺过程				0.7		

教师签名：   日期：

学习任务3 预制剪力墙吊装

任务工单

一、任务情景描述

上海市嘉定区××装配式安置房项目，根据土建施工进度计划组织5层预制剪力墙吊装作业，施工单位委托××院制定施工方案、组织预制剪力墙吊装实施，并对吊装完成的预制剪力墙组织验收。

二、学习活动及学时分配

学习活动及学时分配见表3-1。

表3-1 学习活动及学时分配

活动序号	学习活动	学时安排	备注
1	技术交底	1	
2	制定方案与组织实施	2	
3	质量验收	0.5	
4	总结拓展	0.5	

三、学习目标

1. **知识目标**
(1) 了解预制剪力墙构件吊装所需工具；
(2) 掌握预制剪力墙吊装工艺流程；
(3) 掌握预制剪力墙吊装质量验收标准。

2. **能力目标**
(1) 能组织预制剪力墙现场吊装作业；
(2) 能组织预制剪力墙安装工程验收。

3. **素质目标**
(1) 遵守规范，注重安全意识，有责任、有担当；
(2) 增强团队协作精神，能统筹大局，抓重点、挖潜力。

四、任务简介

完成预制剪力墙的吊装作业需要5名学员。预制剪力墙吊装作业主要包括对楼面预制剪力墙安装面进行处理；根据测量方案通过垫片对预制剪力墙安装标高进行控制；指挥预制剪力墙试吊、确保安全后吊至指定楼面位置；安装临时斜支撑并校正，对预制剪力墙安装进行质量验收，填写验收表。

学习活动 1 接收任务及技术交底

技术交底书见表 3-2。

表 3-2 技术交底书

技术交底记录		资料编号	
工程名称			
施工单位		审核人	
分包单位		☑施工组织总设计交底	
		☑单位工程施工组织设计交底	
交底单位		☑施工方案交底	
		☑专项施工方案交底	
接收交底范围		☑施工作业交底	

交底内容：

一、施工准备

1. 技术准备

(1) 管理人员和作业人员应熟悉设计图纸、施工组织设计、施工方案。

(2) 了解材料性能，掌握施工要领，明确施工顺序。

2. 作业条件

(1) 掌握外墙型号、位置尺寸、标高及构造做法。

(2) 检查外墙板是否完整无损，如有破损应进行修补。

(3) 检查底层预留钢筋位置、数量、外伸长度等。

(4) 现场主体结构应通过验收且合格。

3. 材料及主要机具

(1) 预制外墙：进场后检查型号、几何尺寸和外观质量，应符合设计要求，构件应有出厂合格证。

(2) 吊具：鸭嘴口吊具、吊钩、吊链、缆风绳等。

(3) 测量工具：水准仪、塔尺、卷尺、靠尺、墨斗等。

(4) 其他工具、材料：电刷、撬棍、斜支撑、定位钢板、角磨机、钢管、垫片、镜子、电动扳手、螺栓等。

技术交底记录	资料编号	

二、工艺流程

预制墙板吊装工艺流程，如图 3-1 所示。

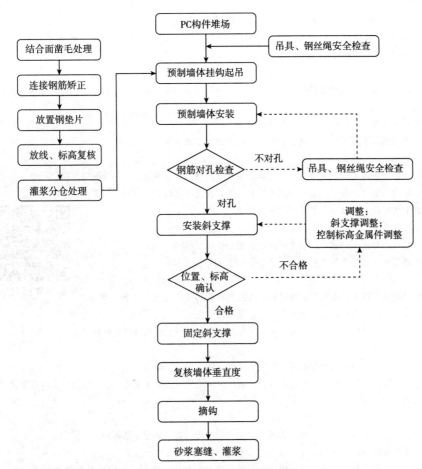

图 3-1　预制墙板吊装工艺流程

吊装设备及选型

三、操作要点

1. 吊装前准备工作

（1）核实现场环境和天气，六级及以上大风等恶劣天气，不可进行吊装作业。

（2）正确佩戴安全防护工具。

（3）检查并试用塔式起重机，确认是否可以正常运行。

（4）按照吊装流程核对构件编号，预制剪力墙宜从大阳角、楼梯间或电梯井的外墙板开始安装，确定首块吊装的剪力墙后，再按顺时针或逆时针顺序逐一编号，不可临时插入墙板、增加吊装施工难度。

（5）检查吊具，做到班前专人检查和记录当日的工作情况。

（6）建立可靠的通信指挥网，保证吊装期间通信联络畅通无阻，安装作业不间断进行。

（7）检查构件套筒及预留孔洞是否堵塞，若有杂物，应用气体或钢筋将异物清掉。

（8）用醒目的标识和围护将作业区隔离，严禁无关人员进入作业区内。

2. 放线

（1）每层楼面轴线垂直控制点不宜少于 4 个，控制线由底层向上传递引测。

技术交底记录	资料编号	

（2）在楼板预留孔位置架设全站仪，调节仪器，仪器发出的红色激光对准一层地面上预埋钢板上的基点，在楼面用标板在相互垂直的两个方向上确定基点的中心位置，用墨斗弹出两点之间的连线，该点引测完毕后，分别将其他控制点引测到同一个楼面上。

（3）继续用全站仪放出主轴线，用卷尺根据主轴线放出辅轴线形成轴线控制网。

（4）根据楼层平面控制线依次弹设墙身位置线、墙体控制线、洞口线，墙体控制线一般距墙身位置线以20～50 cm为宜；依据底层标高在楼面弹设1 m标高控制线。

3. 预埋钢筋处理

（1）用钢筋定位钢板确定楼面预埋钢筋的位置及垂直度，用钢管对有偏差的钢筋进行调整，保证预埋钢筋相对位置准确，便于墙板顺利就位。

（2）用卷尺测量钢筋的长度，对超差的钢筋进行修正。

（3）用电刷清理钢筋表面的水泥砂浆及锈迹，以保证钢筋表面的清洁。

4. 结合面处理

（1）剪力墙安装位置的楼面应进行凿毛处理，以提高灌浆料与已浇筑完成的混凝土面之间的黏结。

（2）洒水湿润需要处理的部位，然后用錾子和锤子进行凿毛，凿毛深度以5～10 mm为宜。

（3）用扫帚把楼面上的混凝土渣及细石砂浆颗粒清扫干净。

5. 标高控制

（1）使用水准仪和塔尺进行标高抄测，使用垫块控制预制墙体底部标高。

（2）楼板面与剪力墙之间加放的支撑垫块，每块墙板不少于4处。

6. 构件试吊

（1）用配套的鸭嘴口吊具连接剪力墙构件上的吊钉，吊索与构件的水平夹角不应小于45°。

预制构件吊装策划

（2）将剪力墙吊起300 mm左右的距离，看有无脱落、滑钩等情况。

（3）用手电筒检查套筒的通透性，在预制墙板上系定位牵引绳，方便后续构件安装时就位。

7. 吊运构件

（1）在起吊过程中，信号工应和塔司相互配合，避免预制墙与堆放架发生碰撞。

（2）在吊运过程中，应保持构件平稳，严禁快起急停，当构件吊至比安装作业面高出3 m以上且高出作业面最高设施1 m以上时，再将构件平移至安装部位上方。

8. 构件就位

（1）在距作业层上方2 m左右略做停顿，施工人员可以通过引导绳，控制墙板下落方向。

（2）当构件高度接近安装部位约1 m处后，安装人员手扶构件引导就位。

（3）待构件底部与预留钢筋接触时，利用镜子观察底部对准情况，并进行微调，套筒位置与预埋钢筋位置对准后，将墙板缓缓下降，使之平稳就位。

9. 临时固定

（1）采用可调节斜支撑螺杆将墙板进行固定，先将支撑托板安装在预制剪力墙上，然后将斜支撑螺杆拉结在墙板和楼面的预埋铁件上。

（2）构件安装固定后卸钩，取钩时，需设专人扶梯，塔式起重机脱钩后进行下一墙板的安装，并重复循环。

（3）预制墙体构件安装采用临时支撑应符合下列规定：每个预制构件的临时支撑不应少于2道；对预制墙板的上部斜支撑，其支撑点距离墙板底部的距离不宜小于墙板高的2/3，且不应小于墙板高的1/2。

10. 安装位置检查及调整

（1）用卷尺复核墙体的安装位置，若有偏差，应使用撬棍将墙体调整到正确位置。

（2）用靠尺检查墙体垂直度，若有偏差，可通过调节上排斜支撑杆件的长度进行调整。

（3）调整完成后，锁死斜支撑上的调节螺钉，以防松动。

四、注意事项

（1）吊索与构件的水平夹角不应小于45°。

（2）预制墙体安装时，应先外后内，相邻剪力墙连续安装。

技术交底记录	资料编号	

五、质量要求

(1) 套筒孔洞数量、位置应符合设计要求。

(2) 套筒及孔洞内应无异物堵塞。

(3) 现浇混凝土伸出钢筋的位置和长度符合设计要求。

(4) 钢筋在套筒内应居中布置，尽量避免钢筋碰触、紧靠套筒内壁。

(5) 允许偏差项目。

项次	项目		允许偏差/mm	检查方法
1	构件中心线对轴线位置		8	经纬仪及尺量
2	构件标高		±5	水准仪或拉线、尺量
3	相邻构件平整度	外露	5	2 m靠尺和塞尺量测
		不外露	8	
4	构件垂直度	≤6 m	5	经纬仪或吊线、尺量
		>6 m	10	

注：此表依据《装配式混凝土建筑技术标准》(GB/T 51231—2016)

(6) 质量记录。

1) 预制剪力墙出厂合格证。

2) 构件吊装记录

交底人		接收交底人数		交底时间	
接收交底人员					

剪力墙的支撑安装

学习活动 2　制定方案与组织实施

一、人员准备

　　5 名学员为一组，其中指挥员（兼组长）1 名、挂钩员 1 名、测量员 1 名、安装员 2 名。5 名学员安装岗位分工并轮换岗位反复组织实施，岗位职责见预制剪力墙吊装班组岗位分工表（表 3-3）。

表 3-3　预制剪力墙吊装班组岗位分工表

序号	岗位	工作内容	职责要求	备注
1	指挥员			
2	挂钩员			
3	测量员			
4	安装员			

在吊装作业之前，班组应进行班前会议，明确岗位分工和操作要领，指导教师对学员进行安全技术交底，强调安全隐患及注意事项。5名学员全程佩戴胸牌和安全帽，以强化角色感知。

二、设备及工器具准备

设备及工器具准备见表3-4。

表 3-4　设备及工器具准备

序号	示意图	名称	使用人	备注
1				
2				
3				
4				
5				
6	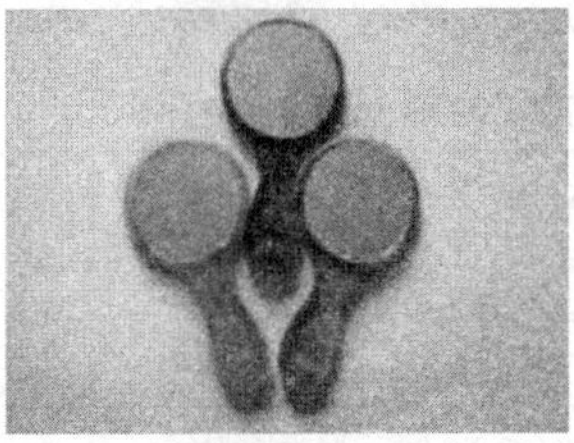			

三、安装面处理

（1）将安装结合面凿毛并清理干净，凿毛面积不应小于结合面面积的80%，凿毛深度不应小于6 mm，也可在楼板叠合层混凝土初凝前拉毛。

（2）根据定位轴线，在安装面上弹出预制剪力墙的边线及控制线（图3-2）。

控制线距离边线：____

预制剪力墙安装

图3-2 预制剪力墙边线及控制线

（3）应将安装面外露钢筋表面包裹的水泥浆或其他杂物清理干净，以免影响套筒灌浆连接。

学中做：

当预制外挂墙板吊运至安装位置时，根据楼面上的预制外挂墙板的定位线，将预制外挂墙板缓缓下降就位，预制外挂墙板就位时，应以（ ）为准，做到外墙面顺直，墙身垂直，缝隙一致，企口缝不得错位，防止挤压偏腔。

　A. 外墙中线　　　　　　　　　　　B. 外墙边线

　C. 外墙内边线　　　　　　　　　　D. 外墙轴线

（4）检查安装面外露钢筋的位置及长度，确保墙板底部套筒能与外露钢筋对齐并下降就位。可按照墙板底部尺寸及套筒位置制作定位模具，采用定位模具检验外露位置，如图3-3所示。

图3-3 钢筋定位套板

外露钢筋的位置及外露长度应符合表3-5的要求。

表3-5 外露钢筋的位置及外露长度

项目	允许偏差/mm	检查方法
外露钢筋中心位置		
外露钢筋外露长度		

当钢筋外露长度超过允许偏差时，应对超长部分进行切割，以免影响套筒就位，机械物理切割，不得采用气焊、气割。对于有负偏差的钢筋，或者钢筋位置偏移，应提请设计者出具补救方案，不能私自将钢筋切除或不做处理。

对于垂直度有较小偏差的钢筋，可采用撬棍小心地调整至顺直；对于垂直度较大偏差的钢筋，现场无法纠正的，应提请设计者出具补救方案。

对于预制剪力墙外墙板，由于受到外叶板的影响，外墙板就位后墙体底部临空一侧无法采用砂浆封堵，在外墙板就位前，应在安装面上剪力墙保温层与内页板之间粘贴 PE 条（图 3-4）。

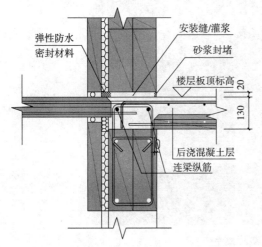

图 3-4　防水密封胶条

引导问题：PE 条的目的和作用是什么？

_____

_____

_____

_____

_____

_____

_____

_____

_____

_____

_____

四、垫片找平

在装配式建筑结构中，竖向预制构件与楼面标高之间有 20 mm 的间隙。在实际施工中，预制墙板底部标高可通过垫片控制，墙板就位前，在安装范围内的楼板上搁置钢制垫片，根据楼板结构面层的实际标高，通过调整垫片的厚度来保证墙板底部设计标高，垫片可由 1 mm、2 mm、3 mm 等不同厚度组合使用（图3-5）。

图 3-5　垫片找平

预制墙板底部的垫片应设置在结合面中轴线的两个点上，并应保持足够的间距，单块垫片的面积不宜大于构件连接面面积的_____，并不宜因面积过小而使构件接触面产生压痕。

测量方案如下：

（1）在周边结构或钢筋上测出结构 50 cm 的线，并做好标记。

（2）自墙板底部向上测量 480 mm，弹出 50 cm 线标高。

（3）在合适位置架设激光水平仪，将激光线调整至与 50 cm 线重合，起吊预制剪力墙至安装面缓慢下降，直至墙面上的 50 cm 线与激光线重合，说明墙板底部标高符合设计要求，此时，根据墙板底部与楼板面的实际间距放入合适厚度的垫片（图3-6）。

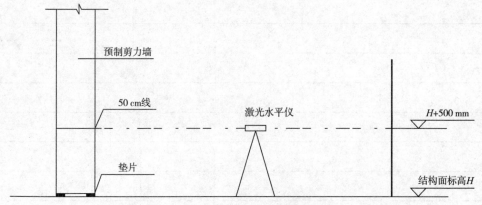

图 3-6　预制剪力墙底部标高测量方案

五、起吊就位

1. 吊装前清理

在预制剪力墙正式吊装之前，应对构件进行清理，重点对灌浆套筒内的混凝土浮灰及残渣进行清理，并检查灌浆孔和出浆孔是否畅通。

2. 试吊

预制剪力墙顶部一般设置 2～4 个吊点，吊点可采用吊环或吊钉。在正式吊装之前，进行试吊，当需要缆风绳时，一并固定在预制剪力墙上。

3. 正式起吊

预制墙板起吊挂钩由地面司索工完成，司索工确认挂钩无误后，周边人员撤离至安全位置，由地面信号工指挥塔式起重机缓慢吊起（图 3-7）。

预制墙板一般采用梁式吊具，吊具与吊钉直接相连的吊索应保持竖直状态，避免吊钉斜拉受力。钢丝绳与梁氏吊具的夹角宜控制在_____之间。

当预制墙板吊至安装楼层位置后，应交由楼面司索工负责指挥塔式起重机工作，吊装工提前在安装位置摆好斜支撑（图 3-8）。

当预制墙板吊至距离楼面约 1 m 时，吊装工上前手扶引导墙板缓慢降落，墙底部下降至外露钢筋顶部约 10 cm 后，停止下降，吊装工利用镜子间接观测外露钢筋与墙板底部套筒的位置关系，在确认每根外露钢筋均能顺利插入套筒时，缓慢下落就位（图 3-9）。

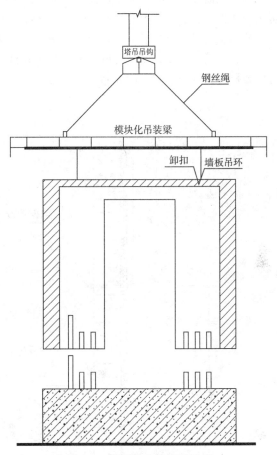

图 3-7　预制剪力墙吊装示意

图 3-8　预制墙板就位

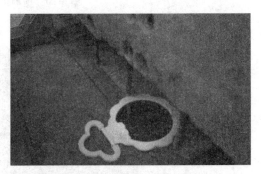

图 3-9　镜子观察墙板钢筋对孔情况

六、安装临时支撑并校正

利用地面 200 mm 控制线复核墙板位置，当偏差较大时，应重新起吊就位；当偏差较小时，可采用撬棍调整。墙体中心线对轴线位置允许偏差为 10 mm。

预制墙板吊装就位后，应立即安装斜支撑。预制墙板斜支撑一般需要设置两道，包含两根长斜撑和两根短斜撑，为提高塔式起重机工作效率，在长斜撑安装完毕后，即可摘钩，然后及时安装短斜撑（图 3-10、图 3-11）。

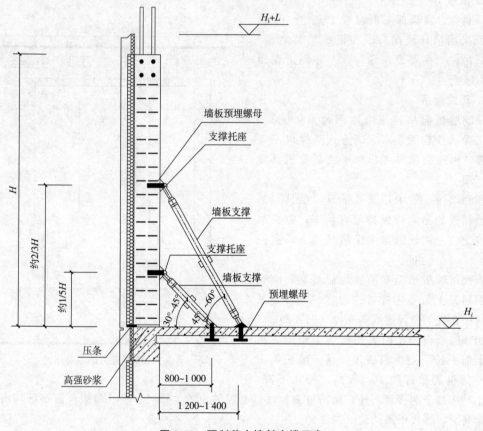

图 3-10　预制剪力墙斜支撑示意

图 3-11　预制剪力墙斜支撑

用激光水平仪或水准仪检查预制墙板水平度，水平度误差应控制在____ mm 以内。用靠尺检查预制墙板的垂直度，当垂直度有偏差时，可通过旋转长斜撑的方式进行调整，在旋转支撑时，应两人同时同向旋转，垂直度允许偏差应控制在_____ mm 以内。

夹心保温外墙吊装

相邻两块预制墙板安装完毕后，还需要利用靠尺和塞尺检查相邻两块墙板之间的平整度，平整度可通过旋转短斜撑来调节，直至平整。

引导问题：长斜撑和短斜撑分别有什么作用？

_____

_____

_____

_____

_____

_____

_____

_____

_____

_____

_____

_____

_____

_____

_____

_____

_____

_____

_____

学中做：

1. 采用临时支撑时，对预制墙板的斜撑，其支撑点距离板底的距离不宜小于板高的（   ），且不应小于板高的（   ）。

A. 4/5，2/3　　　　B. 2/3，1/2　　　　C. 2/3，1/4　　　　D. 1/2，1/3

2. 墙体垂直度满足要求后，在预制墙板上部 2/3 高度处，用斜支撑通过连接，对预制构件进行固定，墙体构件用不少于（   ）根斜支撑进行固定。

A. 2　　　　　　　B. 3　　　　　　　C. 4　　　　　　　D. 5

预制外墙板吊装质量检验表见表 3-6。

表 3-6 预制外墙板吊装质量检验表

项次	工作环节	检查项目			允许偏差/mm	检验方法	设计值/mm	实测值/mm	判定
1	构件质量检查	预制构件外观质量			—	全部检查	—	—	"合格""不合格"
2		规格尺寸	高度		±4	用钢尺测量两端及中部，取其中偏差绝对值较大的值			"合格""不合格"
3			宽度		±4				"合格""不合格"
4			厚度		±2				"合格""不合格"
5		对角线（内叶板）			±5	用钢尺测量两对角线的长度，取其绝对值的差值			"合格""不合格"
6		连接钢筋外露长度			10，0	用钢尺测量			"合格""不合格"
7		灌浆套筒数量							"合格""不合格"
8		表面平整度（内表面）			4	2 m 靠尺和塞尺	—		"合格""不合格"
9	构件安装质量检查	安装质量	临时支撑安装连接牢固程度		—	牢固			"合格""不合格"
10			剪力墙安装位置		8	竖向构件（墙板）	200		"合格""不合格"
11			剪力墙垂直度		5	使用工具（有刻度靠尺），检查是否符合要求	—		"合格""不合格"
12		钢筋连接质量	纵筋钢筋间距		10，0	钢直尺连续三档取最大值			"合格""不合格"
13			钢筋绑扎是否牢固		—	牢固		—	"合格""不合格"
14			垫块布置		10，0	间距 500 mm/个			"合格""不合格"
15		模板质量	牢固程度		—	牢固		—	"合格""不合格"
16			保温条铺设位置		—	检查保温条是否铺设正确，底部和缝隙处		—	"合格""不合格"

记录员：   年   月   日

学习活动3 质量验收

预制剪力墙安装检验批质量验收记录见表3-7。

墙板安装质量验收

表 3-7 预制剪力墙安装检验批质量验收记录

工程名称				
施工单位				
单位工程名称		分部工程名称		
分项工程名称		验收部位		
项目经理		技术负责人		检验日期
验收执行标准名称及编号		《装配式混凝土结构技术规程》(JGJ 1—2014)		
施工质量验收规范的规定		检查结果/实测点偏差值或实测值		
项目	检验方法	实测值/mm	规范允许值/mm	结论
预制剪力墙中心线对轴线位置			10	
预制剪力墙地面或者顶面标高			±5	
预制剪力墙垂直度		<5 m	5	
		≥5 m 且<10 m	10	
		≥10 m	20	
预制剪力墙平整度			5	
施工单位检查评定结果	项目专业质量检查员: 年 月 日			
监理(建设)单位验收结论	专业监理工程师: (建设单位项目专业技术负责人) 年 月 日			

学习活动4 总结与评价

一、撰写项目总结

要求：（1）语言精练、无错别字。

（2）编写内容主要包括学习内容、体会、学习中的优缺点及改进措施。

（3）300 字左右。

项目总结见表 3-8。

表 3-8 ＿＿＿＿＿＿＿＿项目总结

1. 遇到的问题及解决措施

2. 工作过程

序号	主要工程步骤	要点

二、学习任务评价表

评价项目	评价标准	评价依据	评价方式			权重	得分小计	总分
			自评	小组评价	教师评价			
			0.2	0.3	0.5			
职业素养	1. 遵守课题纪律和教师安排； 2. 正确理解并执行安全措施； 3. 团队合作精神	考勤表				0.3		
专业能力	1. 能描述预制剪力墙安装工艺流程； 2. 能正确选择并使用吊装工器具； 3. 能组织预制剪力墙吊装； 4. 能组织预制剪力墙吊装质量验收	正确完成预制柱吊装工艺过程				0.7		

教师签名：　　　　　　　　　　　　　　　　　　　日期：

▶▶▶ 学习任务 4 预制剪力墙套筒灌浆施工

任务工单

一、任务情景描述

上海市嘉定区××装配式安置房项目，根据土建施工进度计划组织 5 层预制剪力墙套筒灌浆施工，施工单位委托××院制定施工方案、组织套筒灌浆施工实施，并对完成的套筒灌浆质量组织验收。

二、学习活动及学时分配

学习活动及学时分配见表 4-1。

表 4-1 学习活动及学时分配

活动序号	学习活动	学时安排	备注
1	技术交底	1	
2	制定方案与组织实施	2	
3	质量验收	0.5	
4	总结拓展	0.5	

三、学习目标

1. **知识目标**

(1) 了解套筒灌浆施工所需工具；

(2) 掌握灌浆料性能要求及指标；

(3) 掌握灌浆施工工艺流程。

2. **能力目标**

(1) 能组织套筒灌浆施工过程；

(2) 能组织套筒灌浆质量验收。

3. **素质目标**

(1) 追求严谨、细致、精益求精的工匠精神；

(2) 培养施工进度管理中统筹兼顾的思维意识，树立严谨、规范的工作作风。

四、任务简介

灌浆过程需要 5 名学员为一组，主要完成作业准备和灌浆作业。作业准备工作包括灌浆料进场检验、灌浆料的储存与保管；作业过程包含灌浆料性能检测、试块留置；作业完成后开展质量验收工作。作业全过程落实质量管理、安全管理和文明作业要求。

学习活动 1 接收任务及技术交底

技术交底书见表 4-2。

表 4-2 技术交底书

技术交底记录		资料编号	
工程名称			
施工单位		审核人	
分包单位		☑施工组织总设计交底	
		☑单位工程施工组织设计交底	
交底单位		☑施工方案交底	
		☑专项施工方案交底	
接收交底范围		☑施工作业交底	

交底内容：

一、施工准备

1. 技术准备

（1）管理人员和作业人员应熟悉设计图纸、施工组织设计、施工方案。

（2）了解材料性能，掌握施工要领，明确施工顺序。

2. 作业条件

（1）本灌浆料常温施工温度为 5～30 ℃。当环境温度高于 30 ℃时，应采取降低灌浆料拌合物温度的措施。

（2）墙板安装时，应通过坐浆方式在墙板底部形成封闭的槽形空间，且使空间与墙板下部预留的孔道相互贯通，一定要确保墙板与坐浆粘结处不漏浆。

（3）当坐浆龄期达到 1 d 后，方可进行灌浆。

（4）坐浆材料的强度等级不应低于被连接构件混凝土的强度等级，即灌浆前 24 h，采用与结构混凝土或高一强度等级的混凝土或采用 1∶2 干硬性砂浆进行封堵，但要采取隔离条等遮挡措施，避免砂浆进入墙体底部内而削弱断面尺寸，并应捻塞密实，避免注浆时漏浆。

3. 材料及主要机具

（1）材料：水泥基灌浆料、水、脱模剂、木塞。

（2）工具：卷尺、记号笔、截锥圆模、三联试块、扁刷、玻璃板、橡胶锤、量程为 15 kg 的电子计量秤、带刻度的 5 L 塑料杯、水桶、鼓风机、高压水枪等。

（3）灌浆机具：手持式搅拌器（可调速）、灌浆机、容积为 200～300 L 的不锈钢桶。

（4）封仓料使用高强度水泥砂浆，根据产品说明，水料比为 0.13～0.15，本案例中，配置封仓料时，选用的水料配比为 15∶100。

（5）根据灌浆料使用说明，水料比为 0.12～0.14，本案例中，配置灌浆料拌合物时，选用的水料配比为 100∶12。

技术交底记录	资料编号	

二、工艺流程

灌浆工艺流程如图 4-1 所示。

图 4-1 灌浆工艺流程

灌浆套筒连接基本原理

三、操作要点

1. 准备工作

（1）灌浆作业前，核实现场天气，宜在 5～30 ℃ 的环境温度下施工。

（2）选择与套筒匹配的灌浆料，根据施工方案，选用的灌浆料配合比取水：干粉料＝12：100。

（3）正确佩戴劳保用品，准备好灌浆工具及材料，检查灌浆机具是否可以正常使用。

2. 制备封仓料

（1）按产品说明书要求制备封仓料，称取对应数量的拌合水，加入搅拌桶中。

（2）将大约 70% 用量的水泥砂浆干粉料，加入搅拌桶大致搅拌均匀（2～4 min）。

（3）将剩余 30% 用量的灌浆干粉料，加入搅拌桶搅拌均匀（2～4 min）。

（4）采用边长为 70.7 mm 的三联试模制作强度试件，在试块内侧涂刷脱模剂，将搅拌好的浆料加入试块，然后放入养护箱养护。

3. 分仓、封仓

（1）用钢筋清理套筒内的杂物，用鼓风机将墙体与楼面之间的垃圾清理干净，然后洒水湿润墙面。

（2）用卷尺测量端部灌浆套筒之间的距离，若大于 1.5 m，应进行分仓，将专用工具塞入墙体下方 20 mm 的缝隙内，将砂浆放置于拖板上，用另一专用工具塞填砂浆，分仓砂浆带宽度为 30～50 mm。

（3）将专用工具伸入缝隙作为封仓砂浆的挡板，保证水泥砂浆嵌入墙内的宽度不大于 20 mm；然后用搅拌好的水泥砂浆进行封仓施工。

4. 制备灌浆料

（1）按产品说明书要求制备灌浆料，称取对应数量的拌合水，加入搅拌桶。

（2）将大约 70% 用量的灌浆干粉料，加入搅拌桶大致搅拌均匀（2～4 min）。

技术交底记录	资料编号	

（3）将剩余 30% 用量的灌浆干粉料，加入搅拌桶搅拌均匀（2～4 min），静置 2 min 排气；浆料拌合物应在 30 min 内用完，搅拌完成后的灌浆料不得再次加水，已经开始初凝的灌浆料不能使用。

5. 平行试验

（1）将截锥圆模放置在钢化玻璃板上，把制作完成的灌浆料拌合物倒入试模，垂直提起试模同时启动秒表计时，让灌浆料拌合物在玻璃板上自由流动，30 s 后用卷尺测量拌合物互相垂直两个方向的最大直径，取平均值作为灌浆料的初始流动度，试验用灌浆料应弃去，不可回收使用。

（2）将灌浆料拌合物倒入 40 mm×40 mm×160 mm 的三联试块试模，用于抗压强度试验。

6. 灌浆

（1）根据《灌浆施工检查记录表》中夹心保温外墙灌浆孔的排布示意图，用蓝色记号笔把编号对应到墙体的灌浆孔上。

（2）灌浆前，用鼓风机插入注浆孔，依次检查其他套筒的出浆孔是否有气流流出，确保同一灌浆区内套筒的通透性。

（3）将拌合好的灌浆料倒入灌浆机，调节灌浆机开始增压，待浆液呈柱状流出时，将灌浆嘴插入注浆孔进行灌浆；当灌浆料拌合物从出浆孔呈柱状流出且无气泡后，立即用木塞封堵。

（4）该分区所有灌浆套筒的出浆孔均排出浆料并封堵后，继续保持压力 10～30 s，然后用木塞封堵注浆孔，再对其他分区进行灌浆作业。

（5）灌浆完毕后立即清洗搅拌机、搅拌桶、灌浆机等器具，以免灌浆料凝固，清理困难；及时清理作业面，散落的灌浆料拌合物不得二次使用。

四、注意事项

（1）坐浆层施工应提前灌浆1 d进行，以保证灌浆时封堵砂浆能达到足够的强度，坐浆层应采用不低于构件本身强度的水泥砂浆。

（2）灌浆料拌合物应在 30 min 内用完，搅拌完成后的灌浆料不得再次加水，已经开始初凝的灌浆料不能使用。

（3）每工作班应检查灌浆料拌合物初始流动度不少于一次，初始流动度不应小于 300 mm。

（4）每工作班灌浆施工过程中，应现场制作 3 组，在标准养护条件下养护，1 d、3 d、28 d 各一组。

（5）灌浆施工必须由专职质检人员及监理人员全过程旁站监督，每块夹心保温外墙均要填写《灌浆施工检查记录表》。

五、成品保护

（1）坐浆层砂浆封堵完成后预制剪力墙不得扰动，防止坐浆层封堵破损导致坐浆层注浆时发生跑浆现象。

（2）灌浆料同条件养护试件抗压强度达到 35 N/mm² 后，方可进行对接头有扰动的后续施工

交底人		接收交底人数		交底时间	
接收交底人员					

学习活动 2　制定方案与组织实施

一、人员准备

灌浆过程需要5名学员为一组，其中旁站监理人员1名、专职检验人员1名、灌浆施工人员3名。灌浆施工人员必须经过灌浆操作培训，取得相应的灌浆合格证书后，方可上岗施工（表4-3）。

表 4-3　预制剪力墙套筒灌浆班组岗位分工表

序号	岗位	工作内容	职责要求	备注
1	灌浆员			
2	检验员			
3	旁站监理员			
4	视频拍摄人员			

在灌浆作业之前，班组应进行班前会议，明确岗位分工和操作要领，指导教师对学员进行安全技术交底，强调安全隐患及注意事项。5名学员全程佩戴胸牌和安全帽，以强化角色感知。

二、设备及工器具准备

1. 设备及工器具

设备及工器具准备，见表4-4。

表 4-4　设备及工器具准备

序号	示意图	名称	使用人	备注
1		灌浆机		
2		电子秤		
3	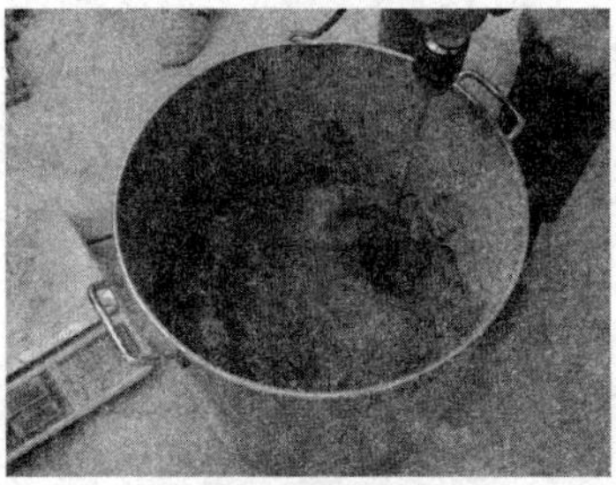	拌料桶		
4		可调速搅拌机		

序号	示意图	名称	使用人	备注
5		吹风机		
6		橡胶锤		
7		卷尺		
8		小铲子、瓦刀		
9		洒水壶		

序号	示意图	名称	使用人	备注
10		玻璃板 500 mm×500 mm		
11		截锥圆模		
12		标养试块模具		
13		橡皮或木塞		
14	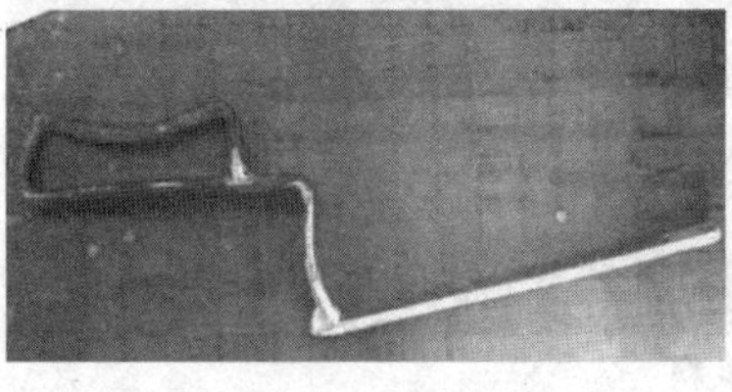	缝宽控制器具		

序号	示意图	名称	使用人	备注
15		马克笔		
16		手动灌浆枪		

2. 灌浆料

灌浆料是一种由水泥、细集料、多种外加剂复配而成的水泥基灌浆材料，现场按照要求加水搅拌均匀后，形成自流浆体（图4-2），其具有以下特点：

（1）流动性好：初始流动度大于300 mm；

（2）施工简单：用水量过大也不会导致沉降和泌水，保证材料均匀性；

（3）塑性膨胀：浆体制拌完成后即开始膨胀，完美补偿水分蒸发等带来的塑性收缩；

（4）后期膨胀：复合膨胀机制，在密闭条件下的后期膨胀（硬化后膨胀），保证钢筋与套筒连接牢固；

坐浆料、灌浆料制备与检测

（5）早强高强：3 d强度可达普通灌浆料28 d的强度，最终强度可达100 MPa以上；

（6）绿色环保：套筒灌浆料无毒、无味、无污染，不含可燃成分，对环境及操作人员无危害。

图4-2　灌浆料

灌浆料按照使用温度的范围，可分为常温型套筒灌浆料和低温型套筒灌浆料。其中，常温型套筒灌浆料的使用温度与普通水泥基类材料的使用温度相同，在灌浆施工及养护过程中，24 h内灌浆部位环境温度不低于5 ℃。常温型套筒灌浆料的性能指标必须满足表4-5的要求。

表4-5　灌浆料性能指标

项目		标准要求
流动度/mm	初始值	≥300
	30 min	≥260
抗压强度/MPa	1 d	≥35
	3 d	≥60
	28 d	≥85
塑性膨胀率/%	3 h	≥0.02
	24 h与3 h差值	0.02～0.5
氯离子含量/%		≤0.03
泌水率/%		0
摘自：《钢筋套筒灌浆连接应用技术规程2023年版》（JGJ 355—2015）		

3. 坐浆料

坐浆料是以水泥为基本材料，并配以细集料、外加剂及其他材料混合而成的干混料，加水拌和后主要用于坐浆法施工的竖向预制构件与结合面铺设。

坐浆料的性能指标需满足表4-6的要求。

表4-6　坐浆料的性能指标

序号	项目名称		性能指标
1	初始流动度/mm		≥130，≤170
2	抗压强度/MPa	1 d	≥30
		28 d	≥50（且不得低于预制构件混凝土强度等级）

4. 封边砂浆

封边砂浆是以水泥为基本材料，并配以细集料、外加剂、高分子聚合物材料及其他组分混合而成的干混料，加水搅拌后用于竖向预制构件吊装就位后，构件底面下端空腔分仓和四周封边。

三、施工步骤

1. 作业面清理

用吹风机将预制剪力墙底部作业面缝内杂物清理干净，不得出现浮灰、木屑等杂物。杂物清理完毕后，可采用喷雾湿润接缝，但应保证接缝处无明显水渍（图 4-3、图 4-4）。

图 4-3　吹风机清理缝内杂物　　　　图 4-4　喷雾湿润接缝

2. 灌浆孔清理和编号

采用手动气泵或钢筋等工具检查灌浆孔和出浆孔是否畅通，若存在杂物，应及时清理。灌浆前需由监理再次检查封堵是否满足灌浆要求，并做好记录。用马克笔对灌浆孔进行编号，对灌浆孔及构件编号匹配检查后做相应记录。

3. 分仓、封边施工

构件底部灌浆连通腔分仓条及封边均采用封边砂浆制作。砂浆拌制用水量及搅拌方法按照砂浆说明书执行。

将分仓专用内衬工具插入构件底部缝隙，位置大致能将底部连通腔分成均等的两部分即可，注意避开钢筋位置。在内衬工具的 U 形槽内填入适量砂浆，通过反复推拉推杆，将砂浆逐层推入构件底部。注意：预制构件另一侧需要有人配合顶住内衬工具的端部，防止砂浆从另一侧推出。砂浆条塞填密实后，慢慢抽出内衬工具，分仓条即成型。分仓成型后的砂浆宽度宜为 30～40 mm，与钢筋的净距不宜小于 40 mm。

引导问题：封边的作用是什么？

采用封边砂浆封堵预制构件底部作业面空间的四周，采用缝宽控制器具（Z 型钢制内衬条）控制封边砂浆深入接缝的宽度，也可用 PVC 管、木模、钢筋等代替专业工具。用抹刀将砂浆推入内衬条与构件底部之间的缝隙中并挤密压实。封边宜从分仓条位置开始，分别向两端边封边退，最后在边角处交圈收头。封边成型应饱满顺直，砂浆宽度为 15～20 mm。待封边砂浆强度达到 20 MPa 后，便可进行灌浆。期间，需对其他班组进行交底，不允许破坏接缝处封边砂浆（图 4-5）。

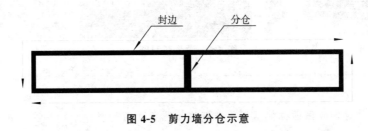

图 4-5 剪力墙分仓示意

引导问题：什么情况下需要分仓？

_____

_____

_____

_____

_____

_____

_____

4. 温度检测

灌浆施工时，环境温度应符合灌浆料产品使用说明书的要求。灌浆施工时，环境温度应高于 5 ℃，必要时，应对连接处采取保温加热措施，保证浆料在 48 h 凝结硬化过程中连接部位温度不低于 10 ℃。低于 0 ℃时不得施工，当环境温度高于 30 ℃时，应采取降低灌浆料拌合物温度的措施。

5. 灌浆料制备

灌浆料一般购买成品干混砂浆直接加水搅拌制作，对于搅拌用水量，不同厂家的产品不尽相同，一般为 12％～15％。这里的用水量为质量比，若一袋干混砂浆按 25 kg 考虑，则搅拌一袋干混砂浆需要加水 3～3.75 kg。

灌浆料的拌合用水应符合《混凝土用水标准》（JGJ 63—2006）的有关规定及产品说明书的要求；拌合用水量应按灌浆料使用说明书要求确定，并按质量计量。灌浆料拌合应采用电动设备。拌制灌浆料，首先将全部拌合水加入搅拌桶，然后加入约为 70％的灌浆干粉料，搅拌至大致均匀（1～2 min），最后将剩余干料全部加入，再搅拌 3～4 min 至浆体均匀，静置 2～3 min 排气，搅拌充分、均匀，宜静置 2 min 后使用，然后注入灌浆泵中进行灌浆作业。灌浆料搅拌完成后，任何情况下不得再次加水（图 4-6）。

图 4-6　灌浆料制备

　　现需要配置 20 kg 干粉料灌浆料，请填写表 4-7 并按要求配置灌浆料。

表 4-7　本次制备灌浆料的水、料用量

水：干粉料	13：100
拌合用水量	
第一次加干粉用量	
第二次加干粉用量	

6. 试块留置

　　坐浆料和灌浆料搅拌完成后，同步制作浆料强度试件，制作三组标养试件及一组同养试件，每次抽取一组 40 mm×40 mm×160 mm 试块（每工作班取样不少于 1 次，每楼层取样不少于 3 次），标准养护 28 d 后做抗压强度试验。同条件养护试件主要作为检测灌浆料强度是否达到下一阶段施工的要求，同条件养护试件抗压强度未达到 35 N/mm²，不得进行对接头有扰动的后续施工（图 4-7）。请填写学习活动 3 质量验收中灌浆料的强度指标检测数据。

灌浆料检测

图 4-7　标养试件

7. 灌浆料流动度试验

灌浆料搅拌完成后，对浆料做流动度试验，将灌浆料倒入截锥圆模，缓慢提升，浆料在玻璃板上扩散直径平均值应大于 300 mm，灌浆料流动度才达到灌浆的要求（图 4-8）。

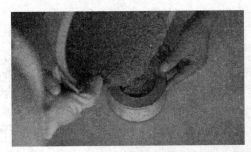

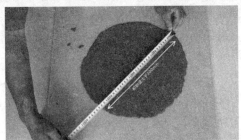

图 4-8　流动度试验

灌浆料拌制记录表见表4-8。

表4-8　灌浆料拌制记录表

环境温度	℃		搅拌时间	min
初始流动度	mm		灌浆料总量	kg
水料比			水：　　kg；	干料：　　kg
是否合格：				
记录人		日期		

8. 灌浆施工

检查砂浆封堵45 cm后，即可进行灌浆作业，宜采用机械灌浆。同一分仓要求注浆连续进行，每次拌制的浆料需在30 cm内用完。

灌浆料拌制完成并符合使用要求后，即可进行灌浆操作。向灌浆机料斗内加入清水并启动灌浆机，对料斗和注浆管进行冲洗与润滑，持续开动灌浆机，直至把所有的水排出。将灌浆料倒入灌浆机料斗，再次开动机器，将灌浆机内含水率较大的灌浆料及空气排出，直至灌浆枪头冒出均匀的浆料。

选择一个套筒，将灌浆枪头插入套筒底部的灌浆孔，开动机器进行灌浆，当有其他灌浆孔或出浆孔有圆柱状浆液冒出后，立即用塞子封堵。同一个分仓单元内的所有套筒均灌满，适当保压后，在拔除灌浆枪头的同时快速封堵该处灌浆孔，完成该分仓单元的灌浆（图4-9、图4-10）。

单套筒灌浆

连续灌浆

学中做：

装配式混凝土结构现场安装时，灌浆作业应采用（　　）从下口灌注，当浆料从上口流出后应及时封堵，必要时可设分仓进行灌浆。

A. 灌浆法　　　　B. 注浆法　　　　C. 压浆法　　　　D. 压力法

图4-9　灌浆孔注浆，排浆孔出浆

图4-10　出浆孔封堵

预制构件灌浆记录表见表 4-9。

表 4-9 预制构件灌浆记录表

记录人：　　　　　　　　　　　　　　　　　　　　记录时间：

一、封缝料拌制与实施记录表				
环境温度	℃		搅拌时间	min
水料比：			水： kg	干料： kg
封缝料总量	kg		封缝深度	mm
剩余封缝料总量			kg	
二、灌浆料拌制记录表				
环境温度	℃		搅拌时间	min
初始流动度	mm		灌浆料总量	kg
水料比：			水： kg	干料： kg

三、灌浆实施记录表		
灌浆孔、排浆孔封堵示意		根据实际构件对灌浆孔、排浆孔进行编号，如对灌浆孔标注灌 1/灌 2，对排浆孔标注排 1/排 2/排 3 等。如已封堵，则打√，未封堵打×
漏浆记录	灌排浆孔：	记录编号
	墙底边缘：	是否漏浆

是否合格：

学习活动 3　质量验收

套筒灌浆与质量验收

预制剪力墙套筒灌浆质量验收记录见表 4-10。

表 4-10　预制剪力墙套筒灌浆质量验收记录

工程名称					
施工单位					
单位工程名称			分部工程名称		
分项工程名称			验收部位		
项目经理		技术负责人		检验日期	
验收执行标准名称及编号			《装配式混凝土结构技术规程》（JGJ 1—2014）		
施工质量验收规范的规定			检查结果/实测点偏差值或实测值		
项目		检测方法	实测值	性能指标	结论
坐浆料抗压强度	1 d			≥15 MPa	
	3 d			≥30 MPa	
	28 d			≥50 MPa	
灌浆料抗压强度	1 d			≥35 MPa	
	3 d			≥60 MPa	
	28 d			≥85 MPa	
灌浆料流动度	初始			≥300 mm	
	30 min			≥260 mm	
施工单位检查评定结果		项目专业质量检查员： 　　　　　　　　年　　月　　日			
监理（建设）单位验收结论		专业监理工程师： （建设单位项目专业技术负责人） 　　　　　　　　年　　月　　日			

学习活动 4 总结与评价

一、撰写项目总结

要求：（1）语言精练、无错别字。

（2）编写内容主要包括学习内容、体会、学习中的优缺点及改进措施。

（3）300 字左右。

项目总结见表 4-11。

表 4-11 _____项目总结

1. 遇到的问题及解决措施		
2. 工作过程		
序号	主要工程步骤	要点

二、学习任务评价表

评价项目	评价标准	评价依据	评价方式			权重	得分小计	总分
			自评	小组评价	教师评价			
			0.2	0.3	0.5			
职业素养	1. 遵守课题纪律和教师安排； 2. 正确理解并执行安全措施； 3. 团队合作精神	考勤表				0.3		
专业能力	1. 能描述灌浆料性能指标； 2. 能按照要求拌制灌浆料； 3. 能组织预制柱、预制剪力墙等构件灌浆施工	正确完成套筒灌浆施工过程				0.7		

教师签名：   日期：

学习任务5　预制构件后浇节点连接施工

任务工单

一、任务情景描述

上海市嘉定区××装配式安置房项目，根据土建施工进度计划组织 L 形预制剪力墙间竖向接缝后浇带施工，施工单位委托××院制定施工方案、组织后浇带施工实施，并对完成的后浇带质量组织验收。

二、学习活动及学时分配

学习活动及学时分配见表 5-1。

表 5-1　学习活动及学时分配

活动序号	学习活动	学时安排	备注
1	技术交底	1	
2	制定方案与组织实施	2	
3	质量验收	0.5	
4	总结拓展	0.5	

三、学习目标

1. **知识目标**

(1) 了解后浇带施工所需工具；

(2) 掌握后浇节点施工工艺流程；

(3) 掌握后浇节点模板性能指标。

2. **能力目标**

(1) 能组织后浇带施工过程；

(2) 能组织后浇带质量验收。

3. **素质目标**

(1) 增强团队协作精神，尊重事物客观规律；

(2) 培养质量至上、一丝不苟的职业素养。

四、任务简介

本任务主要完成 L 形预制剪力墙竖向连接接缝后浇带施工。主要工作包括后浇带钢筋绑扎、铝模板安装、混凝土浇筑，作业完成后开展质量验收工作。作业全过程落实质量管理、安全管理和文明作业要求。

学习活动 1　接收任务及技术交底

技术交底书见表 5-2。

表 5-2　技术交底书

技术交底记录		资料编号	
工程名称			
施工单位		审核人	
分包单位		☑施工组织总设计交底 ☑单位工程施工组织设计交底 ☑施工方案交底 ☑专项施工方案交底 ☑施工作业交底	
交底单位			
接收交底范围			

钢筋安装

交底内容：

一、施工准备

1. 技术准备

(1) 管理人员和作业人员应熟悉设计图纸、施工组织设计、施工方案。

(2) 了解钢材性能，掌握钢筋加工要领，明确钢筋安装施工顺序。

2. 作业条件

(1) 钢材已进场并验收合格。

(2) 下层预留钢筋位置、数量、外伸长度应验收合格。

(3) 各加工机械应由专机专人操作，上岗前应做好专业培训教育。

(4) 正确佩戴安全防护工具。

3. 材料及主要机具

(1) 钢材：HRB400 级直径为 12 mm 的钢筋、HRB400 级直径为 8 mm 的钢筋。

(2) 加工机械：调直机、弯曲机、切断机等。

(3) 其他工具、材料：电刷、电焊机、扎勾、20～22 号扎丝、保护层垫块、靠尺、卷尺等。

二、工艺流程

楼面预留钢筋处理→钢筋加工→钢筋连接→隐蔽验收。

三、操作要点

1. 楼面预留钢筋处理

(1) 用钢丝刷清理钢筋表面的锈迹和混凝土残渣。

(2) 用靠尺检查竖向钢筋的垂直度，偏差较大的将其调直。

(3) 用卷尺检查钢筋的预留长度。

2. 钢筋加工

(1) 根据施工图，在钢材堆放场领取需要加工的钢材。

(2) 确定墙柱竖向钢筋的型号、长度和根数，使用切断机进行加工。

技术交底记录	资料编号	

    (3) 确定墙柱水平钢筋的型号、长度和根数,使用调直机将钢筋调直、剪切,计算钢筋下料长度,并在钢筋上做好标记。

    (4) 使用弯曲机将做好标记的水平钢筋弯曲成型。

    (5) 将加工好的钢筋分类码放。

    3. 钢筋连接

    (1) 将加工好的墙柱水平钢筋,依次放置在预制外墙的水平钢筋上。

    (2) 将竖向钢筋穿过水平钢筋与预留钢筋进行焊接。

    (3) 用扎勾将水平钢筋与竖向钢筋绑扎固定。

    (4) 在水平钢筋和竖向钢筋上安装保护层垫块,间距宜为 300～800 mm。

    4. 隐蔽验收

    (1) 用卷尺测量竖向钢筋的间距,并填写质量验收表。

    (2) 用卷尺测量水平钢筋的排距,并填写质量验收表。

    (3) 检查钢筋上的保护层垫块。

    (4) 各项目检查合格后,进入下一道工序。

四、注意事项

    1. 切断

    (1) 钢筋切断应在调直后进行,操作前必须检查切断机刀口,确定安装正确,刀片无裂纹,刀架螺栓紧固,防护罩牢固,空运转正常后再进行操作。

    (2) 切断钢筋,手与刀口的距离不得小于 15 cm;切断短料,手握端小于 40 cm 时,应用套管或夹具将钢筋短端压住或夹住,严禁用手直接送料。

    (3) 机械运转中,严禁用手直接清除刀口附近的断头和杂物,在钢筋摆动范围内和刀口附近,非操作人员不得停留。

    2. 弯曲

    (1) 工作台和弯曲工作盘台应保持水平,操作前应检查芯轴、成型轴、挡铁轴、可变挡架有无裂纹或损坏,经空运转确认正常后,方可作业。

    (2) 改变工作盘旋转方向时,必须在停机之后进行,即从正转—停—反转,不得直接从正转到反转或从反转到正转。

    (3) 弯曲机运转中严禁更换芯轴、成型轴和变换角度及调速,严禁在运转时加油或清扫。

    (4) 作业中不得用手清除金属屑,清理工作必须在机械停稳后进行。

    3. 钢筋码放

    加工好的成品钢筋必须按规格尺寸和形状码放整齐,高度不超过 150 cm,并且下面要垫枕木,标识清楚。

    4. 钢筋连接

    (1) 绑扎钢筋的绑丝头,应弯回至骨架内侧。

    (2) 严禁从高处向下方抛扔或从低处向高处投掷物料。

五、质量要求

    (1) 钢筋的类型、级别、规格,应符合设计要求。

    (2) 水平钢筋、竖向钢筋的安装位置和数量,应符合设计要求。

    (3) 保护层垫块的规格及安装位置,应符合设计要求。

技术交底记录			资料编号	

（4）允许偏差项目及检查方法。

项目		允许偏差/mm	检查方法
绑扎钢筋网	长、宽	±10	尺量检查
	网眼尺寸	±20	钢尺量连续三档，取偏差绝对值最大处
绑扎钢筋骨架	长	±10	尺量检查
	宽、高	±5	
纵向受力钢筋	锚固长度	负偏差不大于20	尺量检查
	间距	±10	钢尺量两端、中间各一点，取偏差绝对值最大处
	排距	±5	
纵向受力钢筋及箍筋保护层厚度	基础	±10	尺量检查
	其他	±5	尺量检查
绑扎箍筋、横向钢筋间距		±20	钢尺量连续三档，取偏差绝对值最大处
钢筋弯起点位置		20	尺量检查
预埋件	中心线位置	5	尺量检查
	水平高差	+3，0	钢尺和塞尺检查

（5）质量记录。

1）钢材产品合格证。

2）钢筋安装验收表。

铝模板安装

交底内容：

一、施工准备

1. 技术准备

（1）管理人员和作业人员应熟悉和理解铝模板深化图、施工组织设计和施工方案。

（2）了解铝模板型号及安装部位，掌握模板组装顺序及要求。

2. 作业条件

（1）钢筋绑扎完成，并验收合格。

（2）楼层间周转模板已拆除完成，并分类码放。

（3）操作班组已进行铝模板施工技术培训，正确佩戴安全防护工具。

（4）建立可靠的通信网，保证施工期间通信联络畅通无阻，施工作业不间断进行。

3. 材料及工具

（1）铝模板：外墙平面模板、墙柱阴角模板、连接角模板等。

（2）支撑及配件：背楞、销钉、销片、对拉螺栓、对拉螺栓垫片等。

（3）工具：铁锤、扳手、开模器、激光仪、卷尺、塞尺等。

二、工艺流程

作业面处理→模板处理→模板安装→模板加固→质量验收。

三、操作要点

1. 作业面处理

（1）在墙柱底部的钢筋上焊接定位钢筋，定位钢筋可采用直径为10 mm的螺纹钢筋，定位钢筋距离地面约100 mm，要高于角铝。

技术交底记录	资料编号	

（2）在墙柱周围 200 mm 宽度范围内铺设水泥砂浆进行标高抄平，厚度控制在 2 mm 以内。

（3）根据模板安装图，在楼面和墙面上绘制铝模板的定位线，控制线一般距定位线 20～50 cm。

（4）在墙柱箍筋上放置水泥内衬，以防安装时模板向墙柱内倾斜，内衬间距控制在 600 mm 左右。

（5）用水泥钉将 50 mm 宽、18 mm 厚的胶合板钉在已抄平标高的楼面上，防止墙柱模板发生移位，以及后期浇筑时墙脚、柱脚漏浆。

2. 模板处理

（1）将从下层周转上来的铝模板堆放在楼面的空地上，然后用铲刀将模板表面的混凝土浮浆清理干净。

（2）用滚刷在清理好的模板面涂刷专用的水性脱模剂，便于拆模时铝模板脱离混凝土且能保持混凝土面的平整度。

3. 模板安装

（1）在与铝模板连接的预制墙上粘贴密封条，防止漏浆。

（2）根据模板安装图，将平面模板安装到指定位置，模板边与墙面上的定位线要对齐。

（3）有转角的部位需要安装阴角模板，将阴角模板安装到墙柱的转角位置，用铁片与销钉将阴角模板与侧面模板连接固定。

（4）在模板与预制墙上的预留孔洞内安装塑料套管，然后将对拉螺杆穿入套管，便于螺杆的重复利用。

（5）根据螺杆的位置，用背楞、垫片及螺母对铝模板进行加固，背楞与墙面之间用木方支撑。

4. 质量验收

（1）检查固定铝模板的对拉螺栓、销钉、螺母等紧固件数量是否正确，安装是否牢固。

（2）用卷尺测量铝模板外边到控制线的距离，用激光仪和卷尺测量模板的垂直度，误差超出允许范围的要进行矫正。

（3）所有项目检查无误后，用铁锤将销钉上的铁片敲紧，以防松动。

四、注意事项

（1）墙柱定位筋一定要焊接到位，避免模板在校正过程中根部偏位。

（2）铝模板拼装前一定要涂刷专用脱模剂。

（3）模板需严格按照图纸及编号进行拼装。

（4）模板安装完成后，对拉螺杆上需戴上螺母，特别是外墙的对拉螺杆必须戴上螺母，以防止对拉螺杆脱落。

五、质量要求

（1）安装完成的铝模板，其位置、标高、垂直度、平整度应符合设计要求。

（2）允许偏差项目及检查方法。

项目	允许偏差/mm	检查方法
模板垂直度	5	水准仪或拉线、尺量检查
墙柱模板平整度	3	水准仪或拉线、尺量检查
轴线位置	3	水准仪或尺量检查
截面内部尺寸	+4，-5	尺量检查
相邻模板表面高低差	1.5	尺量检查
相邻模板拼接缝隙宽度	≤1.5	塞尺检查

注：检查轴线位置时，应沿纵、横两个方向测量，并取其中偏差的较大值

（3）质量记录。

1）铝模板出厂合格证。

2）质量验收表。

技术交底记录	资料编号	

混凝土浇捣

交底内容：

一、施工准备

1. 技术准备

(1) 管理人员和作业人员应熟悉设计图纸、施工组织设计、施工方案。

(2) 了解材料性能，掌握混凝土浇捣要领，明确施工顺序。

2. 作业条件

(1) 浇筑混凝土区的模板、钢筋、预埋件及管线等全部安装完毕，经检查符合设计要求，并验收合格。

(2) 浇筑混凝土用的架子及马道已支搭完毕，并经检查合格。

(3) 混凝土浇筑申请书已被批准。

(4) 操作班组已进行全面施工技术培训，正确佩戴安全防护工具。

(5) 建立可靠的通信网，保证施工期间通信联络畅通无阻，施工作业不间断进行。

3. 材料及主要机具

(1) 材料：商品混凝土、塑料薄膜。

(2) 施工机具：泵车、泵管、插入式振捣器、铁抹子、水管等。

二、工艺流程

作业面处理→分层浇筑、振捣→养护。

三、操作要点

(1) 作业面处理：浇筑前，将墙柱底部混凝土面提前洒水湿润，不得积水。

(2) 分层浇筑、振捣。

1) 在墙底浇筑 30～50 mm 厚的同配合比砂浆，避免因为粗集料质量大，不能完全嵌入凿毛面，导致浇筑完混凝土后墙根形成空洞或者烂根现象。

2) 墙柱混凝土采用分层浇筑、分层振捣的方式，每层浇筑高度控制在 500～600 mm。

3) 每层浇筑完成后立即振捣，剪力墙插点间距 30 cm，距模板 10 cm，每次插入振捣棒振捣时间宜为 50 s 左右，振至表面泛浆并不再冒气泡为止。

(3) 养护。

1) 混凝土浇筑完毕后，用铁抹子将混凝土表面抹平。

2) 在抹平的混凝土表面覆盖塑料薄膜养护。

四、注意事项

(1) 浇筑混凝土前，在构件底部先浇筑同配合比的砂浆，避免出现烂根现象。

(2) 墙柱混凝土应分层浇筑、分层振捣，每层浇筑高度宜为 500～600 mm，每次插入振捣棒振捣时间宜为 40～60 s。

(3) 振捣上层混凝土时，振捣棒要插入下层混凝土约 50 mm。

(4) 振捣混凝土时，应避免振捣棒碰到钢筋。

五、质量要求

(1) 混凝土应振捣密实。

(2) 养护后的混凝土应表面平整，无漏筋、蜂窝、孔洞、麻面、裂纹、气泡等缺陷。

技术交底记录	资料编号	

（3）允许偏差项目及检查方法。

项目		允许偏差/mm	检查方法
墙、柱轴线位置		8	尺量检查
垂直度	柱、墙层高≤5 m	8	经纬仪或吊线、尺量检查
	柱、墙层高＞5 m	10	
标高	层高	±10	水准仪或拉线、尺量检查
	全高	±30	
截面尺寸		＋8，－5	尺量检查
表面平整度		8	2 m靠尺和塞尺检查
预留洞、孔中心线位置		15	尺量检查
预埋件中心位置	预埋板	10	尺量检查
	预埋螺栓	5	
	预埋管	5	
	其他	10 1U	

注：检查轴线、中心线位置时，应沿纵、横两个方向测量，并取其中偏差的较大值

（4）质量记录。商品混凝土应具有出厂合格证、试验报告

交底人		接收交底人数		交底时间	
接收交底人员					

学习活动2 制定方案与组织实施

一、人员准备

预制剪力墙后浇带施工过程需要 5 名学员为一组，其中 1 名学员负责钢筋安装、2 名学员负责模板安装、1 名学员负责浇筑混凝土、1 名学员负责振捣混凝土（表 5-3）。

表 5-3 预制剪力墙后浇节点班组岗位分工表

序号	岗位	工作内容	职责要求	备注
1	钢筋安装员			
2	模板安装员			
3	混凝土浇筑员			
4	混凝土振捣员			

在后浇区作业之前，班组应进行班前会议，明确岗位分工和操作要领，指导教师应对学员进行安全技术交底，强调安全隐患及注意事项。5 名学员全程佩戴胸牌和安全帽，以强化角色感知。

二、设备及工器具准备

设备及工器具准备见表 5-4。

表 5-4　设备及工器具准备

序号	示意图	名称	使用人	备注
1		钢丝刷		
2		扎勾		
3		扎丝		
4		保护层垫块		

序号	示意图	名称	使用人	备注
5	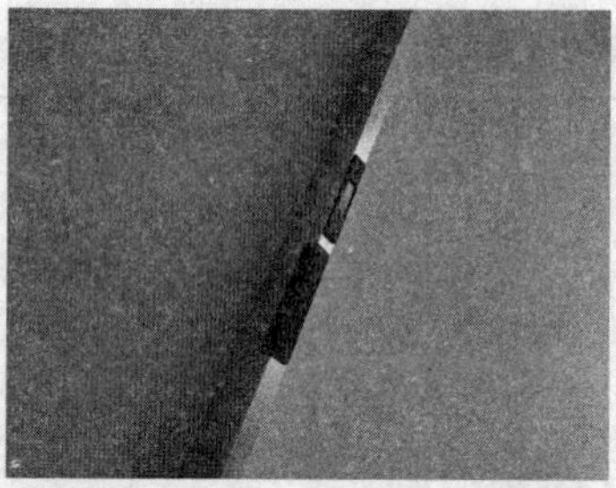	靠尺		
6		模板内衬		
7		密封条		
8		铝模板		

序号	示意图	名称	使用人	备注
9		背楞		
10		销钉		
11		销片		
12		对拉螺栓		

序号	示意图	名称	使用人	备注
13		铁锤		
14		塞尺		
15		塑料薄膜		
16		插入式振动器		
17		铁抹子		

三、钢筋安装

1. 楼面预留钢筋处理

（1）用钢丝刷清理钢筋表面的锈迹和混凝土残渣；

（2）用靠尺检查竖向钢筋的垂直度，偏差较大的将其调直；

（3）用卷尺检查钢筋的预留长度。

2. 钢筋连接

（1）将加工好的水平钢筋依次放置在预制外墙的水平钢筋上；

（2）将竖向钢筋穿过水平钢筋与预留钢筋进行焊接；

（3）用扎勾将水平钢筋与竖向钢筋绑扎固定，绑扎钢筋的绑丝头，应弯回至骨架内侧；

（4）在水平钢筋和竖向钢筋上安装保护层垫块，间距宜为 300～800 mm。

3. 隐蔽验收

（1）用卷尺测量竖向钢筋的间距，并填写学习活动 3 中的质量验收表；

（2）用卷尺测量水平钢筋的排距，并填写学习活动 3 中的质量验收表；

（3）检查钢筋上的保护层垫块。

竖向现浇节点
钢筋绑扎

四、模板安装

1. 作业面处理

（1）在预制剪力墙底部的钢筋上焊接定位钢筋，定位钢筋可采用直径为 10 mm 的螺纹钢筋，定位钢筋距离地面约 100 mm，要高于角铝；

（2）在预制剪力墙周围 200 mm 宽度范围内，铺设水泥砂浆进行标高抄平，厚度控制在 2 mm 以内；

现浇节点模板
支设与加固

（3）根据模板安装图，在楼面和墙面上绘制铝模板的定位线，控制线一般距定位线 20～50 cm；

（4）在墙柱箍筋上放置水泥内衬，以防安装时模板向墙柱内倾斜，内衬间距控制在 600 mm 左右；

（5）用水泥钉将 50 mm 宽、18 mm 厚的胶合板钉在已抄平标高的楼面上，防止墙柱模板发生移位，以及后期浇筑时墙脚、柱脚漏浆。

2. 模板处理

（1）用铲刀将模板表面的混凝土浮浆清理干净；

（2）用滚刷在清理好的模板面涂刷专用的水性脱模剂，便于拆模时模板脱离混凝土且能保持混凝土面的平整度。

3. 模板安装

（1）在与铝模板连接的预制墙上粘贴密封条，防止漏浆；

（2）根据铝模板安装图，将平面模板安装到指定位置，模板边与墙面上的定位线要对齐；

（3）有转角的部位需要安装阴角模板，将阴角模板安装到墙柱的转角位置，用铁片与销钉将阴角模板与侧面模板连接固定；

（4）在模板与预制墙上的预留孔洞内安装塑料套管，然后将对拉螺杆穿入套管内，便于螺杆的重复利用；

（5）根据螺杆的位置，用背楞、垫片及螺母对模板进行加固，背楞与墙面之间用木方支撑。

L形节点模板安装如图5-1所示。

图5-1　L形节点模板安装

学中做：

　　后浇带部分的模板支撑体系要有足够的 ＿＿＿＿＿＿＿＿、＿＿＿＿＿＿＿＿ 和 ＿＿＿＿＿＿＿＿，确保后浇部分混凝土施工质量和安全。

注意事项：

（1）墙柱定位筋一定要焊接到位，避免模板在校正过程中根部偏位。

（2）模板拼装前一定要涂刷专用脱模剂。

（3）模板需严格按照图纸及编号进行拼装。

（4）模板安装完成后，对拉螺杆上需戴上螺母，特别是外墙的对拉螺杆必须戴上螺母，以防止对拉螺杆脱落。

五、浇筑混凝土

（1）作业面处理：浇筑前，将墙柱底部混凝土面提前洒水湿润，不得积水。

（2）分层浇筑、振捣。

1）在墙底浇筑 30～50 mm 厚的同配合比砂浆，避免因粗集料质量大，不能完全嵌入凿毛面，导致浇筑完混凝土后墙根形成空洞或者烂根现象。

2）墙柱混凝土采用分层浇筑、分层振捣的方式，每层浇筑高度控制在 500～600 mm。

3）每层浇筑完成后立即振捣，剪力墙插点间距为 30 cm，距模板 10 cm，振捣混凝土时，应避免振捣棒碰到钢筋。振捣上层混凝土时，振捣棒要插入下层混凝土约 50 mm。每次插入振捣棒振捣时间宜为 50 s 左右，振至表面泛浆并不再冒气泡为止。

（3）养护。

1）混凝土浇筑完毕后，用铁抹子将混凝土表面抹平；

2）在抹平的混凝土表面覆盖塑料薄膜养护。

学中做：

1. 混凝土连接包括 _____ 和 _____。

2. 装配式结构连接施工时，节点、水平缝应一次性浇筑密实；垂直缝可逐层浇筑，每层浇筑高度不宜大于（ ）m。

A. 1 B. 2 C. 3 D. 4

3. 装配式混凝土结构后浇混凝土施工，同一配合比的混凝土，每工作班且建筑面积不超过 1 000 m² 时，应制作一组标准养护试件，同一楼层应制作不少于（ ）组标准养护试件。

A. 2 B. 3 C. 4 D. 5

4. 结合部位或接缝处混凝土施工，由于操作面的限制，不便于混凝土的振捣、密实时，宜采用（ ），并应符合国家现行有关标准的规定。

A. 微膨胀混凝土

B. 自密实混凝土

C. 细石混凝土

D. 高强度混凝土

学习活动 3 质量验收

混凝土浇筑与质量验收

竖向现浇节点的钢筋绑扎

质量验收表见表 5-5。

表 5-5 质量验收表

工程名称					
施工单位					
单位工程名称			分部工程名称		
分项工程名称			验收部位		
项目经理		技术负责人		检验日期	
验收执行标准名称及编号			《装配式混凝土结构技术规程》（JGJ 1—2014）		
施工质量验收规范的规定			检查结果/实测点偏差值或实测值		
钢筋绑扎质量检查					
项目		检测方法	实测值	允许偏差	结论
竖向受力钢筋	锚固长度	尺量检查		负偏差不大于 20	
	间距	钢尺量两端、中间各一点，取偏差绝对值最大处		±10	
	排距			±5	
水平受力钢筋	间距	钢尺量连续三档，取偏差绝对值最大处		±20	
钢筋保护层厚度		尺量检查		±5	
模板安装质量检查					
项目		检测方法	实测值	允许偏差	结论
模板垂直度		水准仪或拉线、尺量检查		5	
模板平整度				3	
界面内部尺寸		尺量检查		+4，−5	
轴线位置		水准仪或尺量检查		3	

混凝土浇筑外观质量检查				
项目	检测方法	实测值	允许偏差	结论
表面平整度			≤1 cm	
长、宽、高尺寸			±20 mm	
重要部位缺陷			不允许，应修复符合设计要求	
麻面、蜂窝			≤0.5%，超过该值应处理达到设计要求	
表面裂缝			短小、深度不大于钢筋保护层厚度的表面裂缝，经处理符合设计要求	
施工单位检查评定结果	项目专业质量检查员： 年　月　日			
监理（建设）单位验收结论	专业监理工程师： （建设单位项目专业技术负责人） 年　月　日			

学习活动 4 总结与评价

一、撰写项目总结

要求：（1）语言精练、无错别字。

（2）编写内容主要包括学习内容、体会、学习中的优缺点及改进措施。

（3）300 字左右。

项目总结见表 5-6。

表 5-6 _____ 项目总结

1. 遇到的问题及解决措施

2. 工作过程

序号	主要工程步骤	要点

二、学习任务评价表

评价项目	评价标准	评价依据	评价方式			权重	得分小计	总分
			自评	小组评价	教师评价			
			0.2	0.3	0.5			
职业素养	1. 遵守课题纪律和教师安排； 2. 正确理解并执行安全措施； 3. 团队合作精神	考勤表				0.3		
专业能力	1. 能描述预制剪力墙后浇节点形式； 2. 能组织后浇节点施工； 3. 能组织后浇节点质量验收	正确完成预制构件后浇节点施工过程				0.7		

教师签名：　　　　　　　　　　　　　　　　日期：

▶▶▶ 学习任务6 叠合梁吊装

任务工单

一、任务情景描述

上海市嘉定区××装配式安置房项目，根据土建施工进度计划组织 5 层叠合梁吊装作业，施工单位委托××院制定施工方案、组织叠合梁吊装实施，并对吊装完成的叠合梁组织验收。

二、学习活动及学时分配

学习活动及学时分配见表 6-1。

表 6-1　学习活动及学时分配

活动序号	学习活动	学时安排	备注
1	技术交底	1	
2	制定方案与组织实施	2	
3	质量验收	0.5	
4	总结拓展	0.5	

三、学习目标

1. 知识目标

（1）了解叠合梁吊装所需工具；

（2）掌握叠合梁吊装施工工艺流程。

2. 能力目标

（1）能组织叠合梁现场吊装作业；

（2）能组织叠合梁吊装工程验收。

3. 素质目标

（1）牢固树立"安全第一、质量至上"意识；

（2）激发团队协作精神，树立文化自信和管理自信。

四、任务简介

完成叠合梁的吊装作业需要 5 名学员。叠合梁吊装作业主要包括：首先，对楼面叠合梁安装面进行处理；然后，进行梁底支撑体系的搭设，指挥叠合梁试吊；在确保安全后，吊运至指定位置安装并校正，进行钢筋绑扎连接，浇筑混凝土并拆除支撑体系；最后，对叠合梁安装进行质量验收，填写验收表。

学习活动 1　接收任务及技术交底

技术交底书见表 6-2。

表 6-2　技术交底书

技术交底记录		资料编号	
工程名称			
施工单位		审核人	
分包单位		☑施工组织总设计交底 ☑单位工程施工组织设计交底	
交底单位		☑施工方案交底 ☑专项施工方案交底	
接收交底范围		☑施工作业交底	

交底内容：

一、准备工作

1. 技术准备

(1) 叠合梁安装施工前，应编制专项施工方案，并经施工总承包企业技术负责人及总监理工程师批准。

(2) 叠合梁安装施工前，应对施工人员进行技术交底，并由交底人和被交底人双方签字确认。

(3) 叠合梁安装施工前，应编制合理、可行的施工计划，明确叠合梁吊装的时间节点。

2. 材料要求

(1) 叠合梁：叠合梁进场后，检查预制叠合梁的规格、型号、外观质量等，均应符合设计和相关标准要求，叠合梁应有出厂合格证。

(2) 接缝防漏浆材料采用专用 PE 棒（材料性能查后再补）。

(3) 对于出现破损的叠合走道板修补材料，可采用掺 108 胶的水泥砂浆。

3. 施工机具

(1) 吊装机具：钢丝绳、卡环、螺栓、平衡钢梁、自动扳手、起重设备、千斤顶等。

(2) 安装施工机具：经纬仪、水准仪、激光扫平仪、吊线锤、绳索、钢管、扣件式架等。

4. 作业条件

(1) 施工道路：预制构件施工现场道路应做硬地化或铺设钢板处理，以满足施工道路地基承载力的要求。

(2) 堆放场地：考虑施工道路的运输流线、转弯半径等因素，合理规划预制叠合梁起吊区堆放场地位置，满足吊装施工现场车通、路通。

(3) 叠合梁吊装顺序确定：根据叠合梁吊装索引图，确定合理的叠合梁吊装起点和吊装顺序。

(4) 安装区作业面：叠合梁在安装前，应确认叠合梁安装工作面，以满足叠合梁安装要求。

(5) 测量放线定位：叠合梁在吊前，按设计要求，根据楼层已弹好的平面控制线和标高线，确定预制叠合梁安装位置线及标高线，并复核。

(6) 叠合梁进场检查：叠合梁进场后，检查叠合梁的规格、型号、外观质量等应符合设计要求，并做叠合梁进场检查记录。

(7) 叠合梁编码：根据叠合梁吊装索引图，在叠合梁上标明各个叠合梁所属的吊装区域和吊装顺序编号，以便吊装工人确认。

二、基本要求

全预制梁和叠合梁的安装应符合下列规定：

(1) 安装顺序宜遵循先主梁后次梁、先低后高的原则。

技术交底记录	资料编号	

（2）安装前，应测量并修正临时支撑标高，确保其与梁底标高一致，并在柱梁边引出标高控制线；安装后根据控制线进行精密调整。

（3）安装前，应复核柱钢筋与梁钢筋的位置、尺寸，当梁钢筋与柱钢筋位置有冲突时，应按经设计单位确认的技术方案调整。

（4）安装时，梁伸入支座的长度与搁置长度应符合设计要求。

（5）安装就位后，应对水平度、安装位置和标高进行检查。

三、安装面处理

（1）根据装配式结构施工图，在已安装完成的竖向构件侧面，弹出预制梁平面边线，在竖向构件顶面弹出梁端面搁置线。

（2）梁柱核心区，柱子的第一道箍筋需要先安装就位，待梁吊装就位后安装其余箍筋。

（3）核查梁、柱节点处于柱子外露纵筋的位置，避免与预制梁锚固钢筋发生冲突。

四、支撑安装及标高控制

（1）梁底宜采用独立钢支撑，也可采用扣件式、碗扣式或盘扣式等形式的可调丝杠及顶托，顶托上安放Ⅰ形木、铝合金工具梁或截面面积为 100 mm×100 mm 的方木。

（2）根据预制梁的定位，在地面安装钢支撑，支撑间距应符合设计要求，跨度小于或等于 4 m，则应设置不少于 2 道支撑；若跨度大于 4 m，则应设置不少于 3 道支撑。

（3）采用独立钢支撑时，应先按照预制梁底标高初步确定钢支撑内插管的外露长度，然后，用回形钢插销固定。

（4）将 50 线通过激光抄平仪引测到支撑立柱上作为基准线，用卷尺测定方木顶部标高，通过调整钢支撑的高度，使方木顶面处于预制梁底面设计标高位置，以此控制预制梁的安装标高。方木顶部标高可采用拉通线的方式统一调整。

五、起吊就位

（1）一般在预制梁的顶面预埋吊环或吊钉作为吊具，当采用点式吊具起吊时，钢丝绳与水平面的夹角不宜小于 60°，且不应小于 45°。跨度较大时，一般采用梁式吊具起吊。

（2）预制梁起吊挂钩由地面司索工完成，当需要溜绳时，一并固定在梁上。确认挂钩无误后，周边人员撤离至安全位置，由地面信号工指挥吊机缓缓起吊。

（3）当梁吊离地面 20～30 cm 时停止，检查吊机、构件、吊具、吊索状态，确认安全后继续指挥吊机提升。吊机提升起吊构件应缓慢、平稳。

（4）可利用溜绳控制梁在空中吊运过程的姿态及稳定。

（5）当预制梁吊至安装楼层位置后，应交由楼面司索工负责指挥吊机工作。

（6）当预制梁吊至距离安装面约 1 m 时，根据柱顶事先标记的安装控制线，吊装工手扶引导预制梁缓慢降落至支撑上。

（7）吊装工操作时，应站在可靠平台上，并系好安全带。

六、调整校正

（1）预制梁初步就位后，根据柱顶控制线精确调整其位置。

（2）复核梁底标高，通过支撑微调。确认无误后，将梁底支撑与梁底顶紧

预制梁安装

交底人		接收交底人数		交底时间	
接收交底人员					

学习活动 2 制定方案与组织实施

一、人员准备

5 名学员为一组，其中指挥员（兼组长）1 名、挂钩员 1 名、测量员 1 名、安装员 2 名。5 名学员安装岗位分工并轮换岗位反复组织实施，叠合梁吊装班组岗位分工见表 6-3。

表 6-3 叠合梁吊装班组岗位分工

序号	岗位	工作内容	职责要求	备注
1	指挥员			
2	挂钩员			
3	测量员			
4	安装员			

在进行吊装作业前，班组应先进行班前会议，明确岗位分工和操作要领，指导教师对学员进行安全技术交底，强调安全隐患及注意事项。5 名学员全程佩戴胸牌和安全帽，以强化角色感知。

二、施工步骤

1. 定位放线

楼面混凝土达到强度后，清理楼面，测量人员根据结构平面布置图放出定位轴线及预制叠合梁定位控制边线，并做好控制线标识，以确保叠合梁定位准确。

2. 安装独立支撑架

叠合梁支撑体系采用可调钢支撑搭设，并在可调钢支撑上铺设工字钢，根据叠合梁的标高线，调节钢支撑顶端高度，以满足叠合梁施工要求。支撑间距应符合设计要求，设计无要求时，若跨度小于或等于 4 m，则应设置不少于 2 道支撑；若跨度大于 4 m，则应设置不少于 3 道支撑（图 6-1）。

独立三脚架支撑

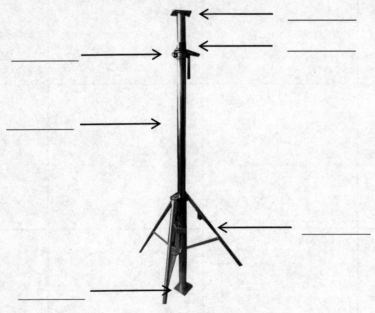

图 6-1　可调式独立钢支撑

可调式独立钢支撑施工前应编制专项施工方案，并应经审核批准后实施。独立钢支撑搭设前，项目技术负责人应按专项施工方案的要求，对现场管理人员进行技术和安全作业交底。独立钢支撑的搭设场地应坚实、平整，底部应做找平、夯实处理，地基承载满足受力要求，并应具有可靠的排水措施，防止积水浸泡地基。独立钢支撑立柱搭设土上，应加设垫板，垫板应具有足够的强度和支撑面积，垫板下若有空隙，应垫平、垫实。

引导问题：专项施工方案应包含哪些内容？

_____

_____

知识树：

叠合梁底支撑分类见表6-4。

表6-4　叠合梁底支撑分类

序号	类型	备注
1	Z形梁底支撑	适用于外墙板无洞口处
2	U1形梁底支撑	适用于叠合梁底与外墙窗洞口平齐位置
3	U2形梁底支撑	适用于外墙窗洞口带窗框处
4	脚手架梁底支撑	适用于内墙、隔墙之间的梁的支撑

3. 支撑架体调节

将50线通过激光抄平仪引测到支撑立柱上作为基准线，用卷尺测定方木顶部标高，通过调整钢支撑的高度，使方木顶面处于预制梁底面设计标高位置，以此控制预制梁的安装标高。方木顶部标高可采用拉通线的方式统一调整（图6-2）。

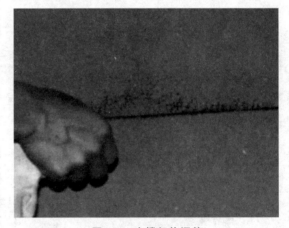

4. 叠合梁吊具及辅助施工机具安装

（1）叠合梁吊具安装（图6-3）。塔式起重机挂钩挂住1号钢丝绳→钢丝绳通过卡环连接平衡钢梁→平衡钢梁卡环连接2号钢丝绳→2号钢丝绳通过卡环连接叠合梁预埋拉环→拉环通过预埋与叠合梁连接。

图6-2　支撑架体调整

（2）叠合梁在预制过程中，其顶面两端各设置一根安全维护插筋。利用安全维护插筋固定钢管，通过钢管间的安全固定绳，固定施工人员佩戴的安全索。

5. 叠合梁吊运及就位

（1）叠合梁吊点采用预留拉环方式，起吊钢丝绳与叠合梁水平面所成夹角不宜小于45°。

（2）叠合梁吊运宜采用慢起、快升、缓放的操作方式。叠合梁起吊区配置一名信号工和两名司索工，叠合梁起吊时，司索工将叠合梁与存放架的安全固定装置拆除，塔式起重机司机在信号工的指挥下，塔式起重机缓缓持力，将叠合梁吊离存放架。

叠合梁与叠合板吊装

（3）叠合梁就位。叠合梁就位前，清理叠合梁安装部位基层，在信号工的指挥下，将叠合梁吊运至安装部位的正上方，并核对叠合梁的编号。

预制叠合梁起吊，如图6-4所示。

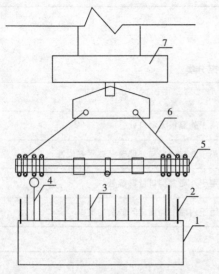

图 6-3 叠合梁吊具安装

图 6-4 预制叠合梁起吊

1—叠合梁；2—钢管；3—叠合梁钢筋；4—2 号钢丝绳；

5—平衡钢梁；6—1 号钢丝绳；7—塔式起重机挂钩

学中做：

1. 当叠合梁安装就位后，塔式起重机司机在（　　）的指挥下，将叠合梁缓缓下落至设计安装部位，叠合梁支座搁置长度应满足设计要求，叠合梁预留钢筋锚入剪力墙、柱的长度应符合规范要求。

A. 施工员　　　　　　　　　　　　　B. 吊装工

C. 司索工　　　　　　　　　　　　　D. 信号工

2. 预制叠合梁采用（　　）时，预制梁上部纵筋可在现场安装。

A. 螺旋箍筋　　　　　　　　　　　　B. 圆形箍筋

C. 封闭箍筋　　　　　　　　　　　　D. 开口箍筋

知识树：

叠合梁吊装顺序：

(1) 梁高的先吊，梁低的后吊（如两根相邻的梁，1 号梁截面尺寸为 500 mm×300 mm，2 号梁截面尺寸为 400 mm×300 mm，应先吊装 1 号梁）。

(2) 当出现三根梁底部钢筋分别下锚、直锚、上锚时，应先吊装钢筋向下锚的梁，然后吊装钢筋直锚的梁，最后吊装钢筋上锚的梁（图 6-5）。

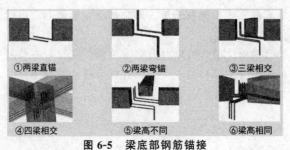

图 6-5 梁底部钢筋锚接

6. 叠合梁的安装及校正

（1）叠合梁的安装。当叠合梁安装就位后，塔式起重机司机在信号工的指挥下，将叠合梁缓缓下落至设计安装部位，叠合梁支座搁置长度应满足设计要求，叠合梁预留钢筋锚入剪力墙、柱的长度应符合规范要求。

（2）叠合梁的校正。

1）叠合梁标高校正：吊装工根据叠合梁标高进行控制线，调节支撑体系顶托，对叠合梁标高校正。

2）叠合梁轴线位置校正：吊装工根据叠合梁轴线位置控制线，利用楔形小木块嵌入叠合梁，对叠合梁轴线位置调整。

7. 摘钩

（1）检查预制叠合梁有无向外偏移、倾斜的情况，观察标高是否发生变化，如有变化则需调整；检查梁底支撑和夹具受力情况是否良好，构件安装牢靠后方可取钩。

（2）确认梁底支撑和夹具全部受力情况；过道梁支撑塔设，采用井字形工具式支撑时，应在侧的横杆上增加扣件固定，防止其发生偏位。

（3）取钩人员用铝合金梯子爬上取钩时，下方人员扶好梯子；取钩人员穿戴好个人安全防护用品。

学习活动 3　质量验收

叠合梁安装检验批质量验收记录见表 6-5。

叠合梁、板安装质量验收

表 6-5　叠合梁安装检验批质量验收记录

工程名称				
施工单位				
单位工程名称		分部工程名称		
分项工程名称		验收部位		
项目经理		技术负责人		检验日期
验收执行标准名称及编号		《装配式混凝土结构技术规程》（JGJ 1—2014）		
施工质量验收规范的规定		检查结果/实测点偏差值或实测值		
项目	检验方法	实测值/mm	规范允许值/mm	结论
叠合梁中心线对轴线位置	尺量检查		5	
叠合梁底面或者顶面标高			±5	
叠合梁垂直度	垂线、钢尺量测		5	
叠合梁底平整度　抹灰	钢尺、塞尺量测		5	
叠合梁底平整度　不抹灰			3	
叠合梁搁置长度	尺量检查		±10	
叠合梁支座、支垫中心位置	尺量检查		10	
施工单位检查评定结果		项目专业质量检查员： 年　月　日		
监理（建设）单位验收结论		专业监理工程师： （建设单位项目专业技术负责人） 年　月　日		

学习活动 4 总结与评价

一、撰写项目总结

要求：（1）语言精练、无错别字。

（2）编写内容主要包括学习内容、体会、学习中的优缺点及改进措施。

（3）300 字左右。

项目总结见表 6-6。

表 6-6 _____ 项目总结

1. 遇到的问题及解决措施

2. 工作过程

序号	主要工程步骤	要点

二、学习任务评价表

评价项目	评价标准	评价依据	评价方式			权重	得分小计	总分
			自评	小组评价	教师评价			
			0.2	0.3	0.5			
职业素养	1. 遵守课题纪律和教师安排； 2. 正确理解并执行安全措施； 3. 团队合作精神	考勤表				0.3		
专业能力	1. 能描述叠合梁安装工艺流程； 2. 能正确选择并使用吊装工器具； 3. 能组织叠合梁吊装； 4. 能组织叠合梁吊装质量验收	正确完成叠合梁吊装工艺过程				0.7		

教师签名： 日期：

学习任务7 叠合楼板、阳台板、空调板吊装

任务工单

一、任务情景描述

上海市嘉定区××装配式安置房项目，根据土建施工进度计划组织5层叠合楼板、阳台板、空调板吊装作业，施工单位委托××院制定施工方案、组织板类构件吊装实施，并对吊装完成的构件组织验收。

二、学习活动及学时分配

学习活动及学时分配见表7-1。

表7-1 学习活动及学时分配

活动序号	学习活动	学时安排	备注
1	技术交底	1	
2	制定方案与组织实施	2	
3	质量验收	0.5	
4	总结拓展	0.5	

三、学习目标

1. 知识目标

（1）了解预制板类构件吊装所需工具；

（2）掌握叠合板吊装施工工艺流程。

2. 能力目标

（1）能组织预制板类构件现场吊装作业；

（2）能组织预制板类构件吊装工程验收。

3. 素质目标

（1）培养严谨、细致、精益求精的工作精神；

（2）具备统筹全局的大局观，培养严谨、细心、按时守约的工作态度。

四、任务简介

完成预制板类构件吊装作业需要5名学员。预制板类构件吊装作业主要包括：首先，对预制板安装面进行清理；其次，架设竖向支撑体系并校正，确认构件处于相同标高；最后，对预制板类构件安装进行质量验收，填写验收表。

叠合板安装

学习活动 1 接收任务及技术交底

技术交底书见表7-2。

表7-2 技术交底书

技术交底记录		资料编号	
工程名称			
施工单位		审核人	
分包单位		☑施工组织总设计交底	
		☑单位工程施工组织设计交底	
交底单位		☑施工方案交底	
		☑专项施工方案交底	
接收交底范围		☑施工作业交底	

一、施工准备

1. 技术准备

（1）管理人员和作业人员应熟悉设计图纸、施工组织设计和施工方案。

（2）了解材料性能，掌握施工要领，明确施工顺序。

2. 作业条件

（1）检查叠合板型号、安装位置。

（2）检查叠合板是否完整无损，如有破损应进行修补。

（3）检查叠合板钢筋位置、数量、外伸长度等。

（4）模板支撑应通过验收且合格。

3. 材料及主要机具

（1）叠合板：进场后检查叠合板型号、几何尺寸和外观质量，应符合设计要求，构件应有出厂合格证。

（2）吊具：吊钩、吊链、缆风绳等。

（3）工具：水准仪、塔尺、卷尺、墨斗、撬棍、激光仪等。

二、工艺流程

准备工作→清理楼面→测量放线→标高调整→试吊构件→构件吊运→构件就位→构件安装位置检查→继续吊运其他构件。

三、操作要点

1. 准备工作

（1）核实现场环境和天气，如遇六级及以上大风等恶劣天气，不可进行吊装作业。

（2）正确佩戴安全防护工具。

（3）检查并试用塔式起重机，确认其是否可以正常运行。

（4）按照吊装流程核对构件编号，确定首块吊装的叠合板后，再按照顺时针或逆时针的顺序逐一编制，不宜临时插入叠合板，以增加吊装施工难度。

（5）检查吊具，做到班前专人检查和记录当日的工作情况。

（6）建立可靠的通信指挥网，保证吊装期间通信联络畅通无阻，安装作业不间断进行。

（7）用醒目的标识和围护将作业区隔离，严禁无关人员进入作业区。

2. 测量放线

根据施工图，在楼面画出叠合板的位置线。

技术交底记录	资料编号	

3. 标高调整

从立杆上的 1 m 标高线测出叠合板的底标高，调整顶托位置，使木方上表面与板底标高对齐。

4. 构件起吊

(1) 根据施工图，确认构件型号，在叠合板吊点位置连接吊钩，注意吊链与构件的水平夹角不应小于 45°。

(2) 连接牢固后，将叠合板吊起至地面约 300 mm 处稍做停顿，待确认无滑钩、脱落等情况后，再继续起吊。

5. 构件就位

(1) 保持构件平稳，将叠合板吊至作业层上方，预制构件吊运过程中，作业区正下方不允许有人员随意走动。

(2) 待叠合板下落至操作人员可用手接触到的高度时，再调整叠合板方向及位置。

(3) 当叠合板下降至离楼面 300 mm 左右时，微调构件位置，使板边与板位置线基本吻合，调整好板位置后，再将叠合板缓慢吊放至工形木上。

6. 构件安装位置检查

(1) 叠合板放置平稳后，用卷尺测量板边到轴线的距离，检查叠合板的水平位置是否符合设计要求。

(2) 若误差超出允许范围，则使用撬棍微调构件位置，再使用卷尺复测，确保其位置准确。

(3) 卷尺和激光仪测量板底至立杆上 1 m 标高线的距离，若标高误差较大，则可通过调整顶托的位置，使其标高误差在允许范围值内。

(4) 叠合板调整完成后，脱钩吊装其他叠合板。

四、注意事项

(1) 吊索与构件的水平夹角不应小于 45°。

(2) 叠合板安装时，应先外后内，相邻叠合板应连续安装。

五、允许偏差项目

项次	项目		允许偏差/mm	检查方法
1	构件中心线对轴线位置		5	经纬仪及尺量
2	构件标高（板底面或顶面）		±5	水准仪或拉线、尺量
3	相邻构件平整度	外露	3	2 m 靠尺和塞尺量测
		不外露	5	
4	构件搁置长度		±10	尺量

注：此表依据《装配式混凝土建筑技术标准》（GB/T 51231—2016）

六、质量记录

(1) 叠合板出厂合格证。

(2) 构件吊装记录

交底人		接收交底人数		交底时间	
接收交底人员					

阳台板与空调板安装

学习活动 2　制定方案与组织实施

一、人员准备

5名学员为一组，其中指挥员（兼组长）1名、挂钩员1名、测量员1名、安装员2名。5名学员安装岗位分工并轮换岗位反复组织实施，岗位职责见班组岗位分工表（表7-3）。

表 7-3　叠合楼板、阳台板、空调板吊装班组岗位分工表

序号	岗位	工作内容	职责要求	备注
1	指挥员			
2	挂钩员			
3	测量员			
4	安装员			

在吊装作业之前，班组应进行班前会议，明确岗位分工和操作要领，指导教师对学员进行安全技术交底，强调安全隐患及注意事项。5名学员全程佩戴胸牌和安全帽，以强化角色感知。

二、设备及工器具准备

设备及工器具准备见表 7-4。

表 7-4　设备及工器具准备

序号	示意图	名称	使用人	备注
1	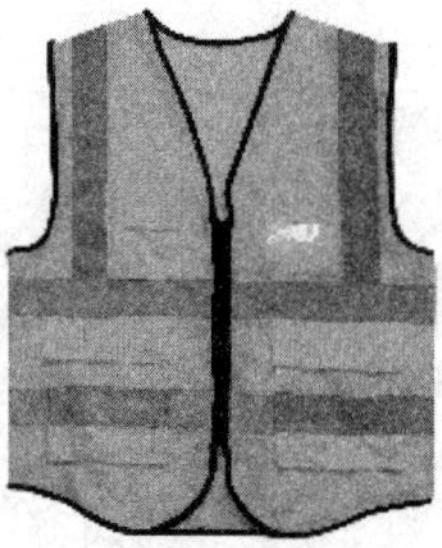	安全背心		
2	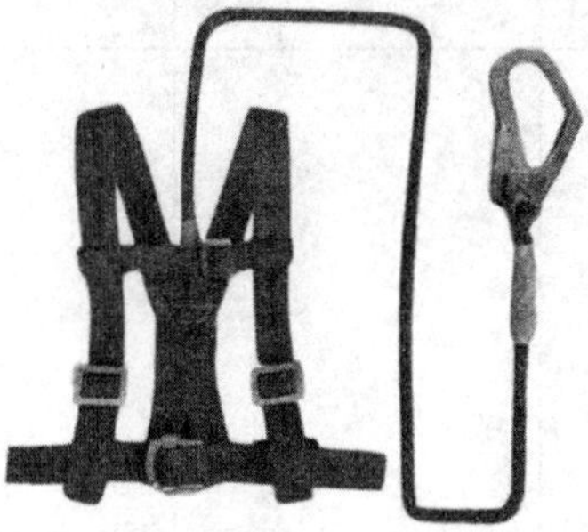	安全带		
3	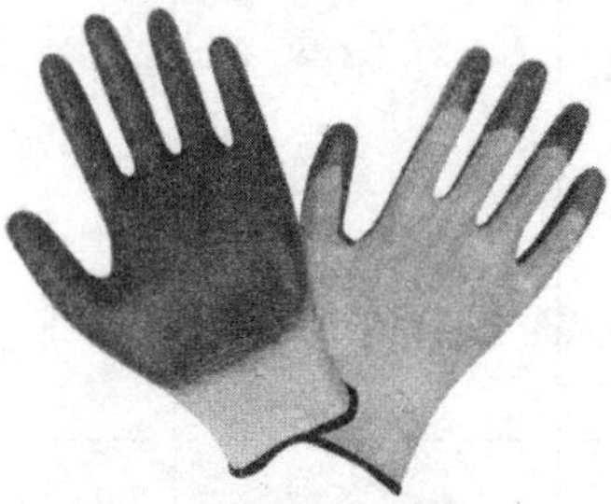	劳动保护手套		
4		角码		

序号	示意图	名称	使用人	备注
5	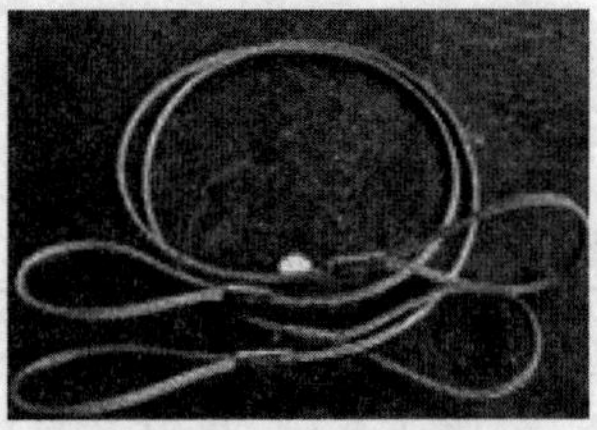	缆风绳		
6		卸扣		
7		吊钩		
8	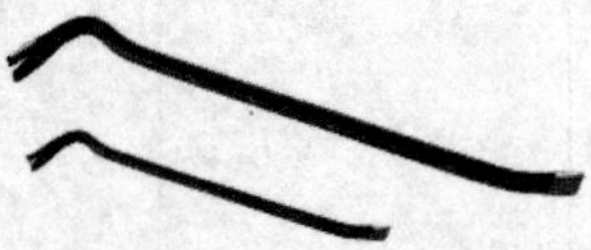	撬棍		
9		水准仪		

序号	示意图	名称	使用人	备注
10	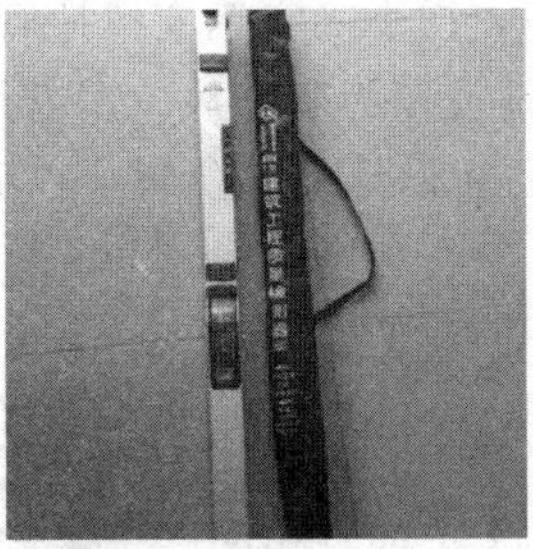	靠尺		
11		墨斗		
12	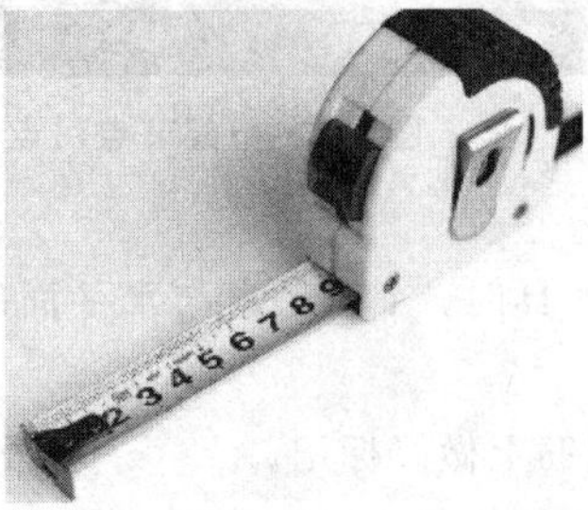	卷尺		

三、安装面处理

(1) 根据装配式结构施工图，在预制底板的结构支座面上或施工支撑面上弹出预制底板平面位置的控制线（板边线）及板端面搁置线。

(2) 沿支座顶部板端面搁置线贴泡沫胶，防止浇筑叠合层混凝土时漏浆。

四、支撑安装及标高控制

(1) 板底宜采用独立钢支撑，也可采用扣件式、碗扣式或盘扣式等其他形式可调丝杠及顶托，顶托上安放Ⅰ形木、铝合金工具梁或截面尺寸 100 mm×100 mm 的方木。

(2) 根据预制板的定位，在地面安装钢支撑，当轴跨 $L < 4.8$ m 时，在跨内设一处支撑；当

轴跨满足 4.8 m≤L≤6.0 m 时，在跨内设置两道支撑，支撑与支座的距离不大于 500 mm。在多层建筑中，各层竖向支撑应上、下对齐，设置在一条竖直线上。

（3）临时支撑拆除应符合现行国家相关标准的规定，一般应保持持续两层楼板有支撑。

（4）当采用独立钢支撑时，应先按照预制底板的底标高，初步确定钢支撑插管的外露长度，用回形钢插销固定。将 50 线通过激光抄平仪引测到支撑立柱上作为基准线，用卷尺测定方木顶部标高，通过调整钢支撑的高度使方木顶面处于预制底板底面设计标高位置，以此控制预制底板安装标高。方木顶面标高可采用拉通线的方法统一调整。

五、起吊就位

（1）预制底板应水平堆放，水平起吊，板面一般设置 4 个吊点，吊点可以采用预埋吊环，也可以直接利用钢筋桁架的节点作为吊点（桁架筋需要加强）（图 7-1、图 7-2），当采用钢筋桁架起吊时，吊钩应钩挂在桁架筋上弦杆与斜腹杆交接处。

叠合梁与叠合板吊装

图 7-1　吊环吊装

图 7-2　桁架节点吊点

（2）预制底板起吊一般采用架式吊具。当采用梁式吊具时，4 根吊索与水平面的夹角不宜小于 60°，且不得小于 45°。

（3）利用钢筋桁架节点起吊时，吊点位置需要在桁架筋上做好标记。

（4）预制底板起吊前，应明确底板的安装方向，预制底板表面标注的指示箭头应与装配施工图中的安装方向一致。

（5）预制底板起吊挂钩由地面司索工完成，当需要溜绳时，一并固定在板上。确认挂钩无误后，周边人员撤离至安全位置，由地面信号工指挥吊机缓缓吊起。

（6）当板吊离地面 20～30 cm 时，停止，检查吊机、构件、吊具、吊索状态及周边环境，确认安全后，继续指挥吊机提升。吊机提升起吊构件应缓慢、平稳。

（7）可利用溜绳来控制板在空中吊运过程的姿态及稳定。

（8）当预制底板吊至安装楼层位置后，应交由楼面司索工负责指挥吊机工作。

（9）当预制底板吊至距离安装面约 1 m 时，根据事先标记的安装控制线，吊装工手扶引导预制底板，缓慢降落至支撑上。吊装工操作时，应站在可靠平台上。

（10）当条件允许时，预制底板也可以采用多块串吊的方式起吊，以提高吊装效率，串吊时，先安装的板位于下层，后安装的板位于上层，下层预制底板的质量应通过吊索给吊具，不得传递给上层预制底板。

六、调整校正

（1）预制底板初步就位后，根据控制线精确调整位置，复核板底标高，通过支撑微调，确认无误后将支撑方木与板底顶紧。

（2）当预制底板位置需要微调时，可采用撬棍进行纠正；当偏差较大时，可使用手拉葫芦将需要调整的一边稍提起，再利用撬棍，采用"撬""磨""拨"等技巧进行调整。

> **学中做：**
>
> 叠合板支座处的纵向钢筋，在端支座处宜从板端伸出并锚入支撑梁或墙的后浇混凝土中，锚固长度不应小于（　　）倍钢筋直径。
>
> A. 3　　　　　　　　　　　　　　　B. 5
>
> C. 7　　　　　　　　　　　　　　　D. 10

七、水电管线敷设

敷设水电管线时，应严格控制管线叠加处标高，严禁高出现浇层板顶标高（图7-3）。

（1）预制叠合板顶部放出水电管线位置线；

（2）铺设水电管线；

（3）管线接头处做好保护。

图7-3　水电管线铺设

八、钢筋绑扎及混凝土浇筑

绑扎钢筋前，应将预制叠合板上的杂物清理干净，宜根据钢筋间距弹线绑扎。钢筋绑扎时，穿入叠合层上的桁架、钢筋弯钩的朝向要严格控制，不得平躺。双向板钢筋放置要求：当双向配筋直径和间距相同时，短跨钢筋应放置在长跨钢筋之下；当双向配筋直径和间距不同时，配筋大的方向应放置在配筋小的方向之下。

在浇筑混凝土前，应先进行隐蔽工程验收。为使叠合层与预制叠合板结合牢固，要认真清扫板面，对有油污的部位，凿去一层（深度约为 5 mm）。叠合层混凝土浇筑要求：混凝土坍落度控制为 16～18 cm，每一段混凝土要分 1 或 2 个作业组平行浇筑、连续施工，一次完成。使用平板振捣器振捣，保证振捣密实。浇筑完成后浇水养护，要求保持混凝土湿润持续 7 d。

楼面钢筋绑扎与水电安装　　　　楼面现浇层及水平后浇带混凝土浇筑

学习活动 3　质量验收

叠合板安装检验批质量验收记录见表 7-5。

叠合梁、板安装质量验收

表 7-5　叠合板安装检验批质量验收记录

工程名称				
施工单位				
单位工程名称		分部工程名称		
分项工程名称		验收部位		
项目经理		技术负责人		检验日期
验收执行标准名称及编号		《装配式混凝土结构技术规程》（JGJ 1—2014）		
施工质量验收规范的规定		检查结果/实测点偏差值或实测值		
项目	检验方法	实测值/mm	规范允许值/mm	结论
板类构件中心线对轴线位置	经纬仪及尺量		5	
板类构件标高（板底面或顶面）	水准仪或拉线、尺量		±5	
相邻板类构件平整度　外露	2 m 靠尺和塞尺量测		3	
相邻板类构件平整度　不外露			5	
板类构件搁置长度	尺量		±10	
施工单位检查评定结果		项目专业质量检查员： 年　月　日		
监理（建设）单位验收结论		专业监理工程师： （建设单位项目专业技术负责人） 年　月　日		

学习活动 4　总结与评价

一、撰写项目总结

要求：（1）语言精练、无错别字。

（2）编写内容主要包括学习内容、体会、学习中的优缺点及改进措施。

（3）300 字左右。

项目总结见表 7-6。

表 7-6 _____ **项目总结**

1. 遇到的问题及解决措施

2. 工作过程

序号	主要工程步骤	要点

二、学习任务评价表

评价项目	评价标准	评价依据	评价方式			权重	得分小计	总分
			自评	小组评价	教师评价			
			0.2	0.3	0.5			
职业素养	1. 遵守课题纪律和教师安排； 2. 正确理解并执行安全措施； 3. 团队合作精神	考勤表				0.3		
专业能力	1. 能描述预制板类构件安装工艺流程； 2. 能正确选择并使用吊装工器具； 3. 能组织预制板类构件吊装； 4. 能组织预制板类构件吊装质量验收	正确完成预制板类构件吊装工艺过程				0.7		

教师签名：   日期：

学习任务8 预制楼梯吊装

任务工单

一、任务情景描述

上海市嘉定区××装配式安置房项目，根据土建施工进度计划组织5层预制楼梯吊装施工，施工单位委托××院制定施工方案、组织预制楼梯吊装施工，并对完成的预制楼梯吊装质量组织验收。

二、学习活动及学时分配

学习活动及学时分配见表8-1。

表8-1 学习活动及学时分配

活动序号	学习活动	学时安排	备注
1	技术交底	1	
2	制定方案与组织实施	2	
3	质量验收	0.5	
4	总结拓展	0.5	

三、学习目标

1. 知识目标

（1）了解预制楼梯吊装施工所需工具；

（2）掌握预制楼梯吊装施工工艺流程。

2. 能力目标

（1）能组织预制楼梯吊装施工；

（2）能组织预制楼梯吊装质量验收。

3. 素质目标

（1）培养精益求精的工匠精神和职业素养；

（2）培养统筹兼顾、通盘考虑、统一规划的大局观。

四、任务简介

本任务吊装的楼梯类型为搁置式楼梯。首先，对楼梯安装结合面进行清理，然后吊装楼梯，楼梯就位后对上部连接节点和下部连接节点分别进行处理，主要包括填塞聚苯板、放置PE棒、打胶、螺母加垫片固定、砂浆封堵密实等。作业完成后，开展质量验收工作，作业全过程落实质量管理、安全管理和文明作业要求。

学习活动 1　接收任务及技术交底

技术交底书见表 8-2。

表 8-2　技术交底书

技术交底记录		资料编号	
工程名称			
施工单位		审核人	
分包单位		☑施工组织总设计交底 ☑单位工程施工组织设计交底	
交底单位		☑施工方案交底 ☑专项施工方案交底	
接收交底范围		☑施工作业交底	

交底内容：

一、施工准备

1. 技术准备

(1) 管理人员和作业人员应熟悉设计图纸、施工组织设计和施工方案。

(2) 了解材料性能，掌握施工要领，明确楼梯吊装的施工顺序。

2. 作业条件

(1) 掌握楼梯型号、位置尺寸、标高及构造做法。

(2) 检查楼梯是否完整无损，如有破损应进行修补。

(3) 现场主体结构应通过验收且合格。

3. 材料及主要机具

(1) 预制楼梯：进场后检查型号、几何尺寸和外观质量，应符合设计要求，构件应有出厂合格证。

(2) 吊具：吊钩、吊链、缆风绳等。

(3) 测量工具：激光水平仪、水准仪、塔尺、卷尺、靠尺、墨斗等。

(4) 其他工具、材料：垫块、卷尺、撬棍、电动扳手、聚苯板、PE 棒、手动灌浆枪、密封胶、水准仪、水泥砂浆、灌浆料。

二、工艺流程

准备工作→测量放线→结合面处理→试吊构件→构件吊运→构件就位→构件安装位置检查→连接位置施工。

三、操作要点

1. 准备工作

(1) 核实现场环境和天气，如遇六级及以上大风等恶劣天气，不可进行吊装作业。

(2) 正确佩戴安全防护工具。

(3) 检查并试用塔式起重机，确认其是否可以正常运行。

(4) 检查吊具，做到班前专人检查和记录当日的工作情况。

(5) 建立可靠的通信指挥网，保证吊装期间通信联络畅通无阻，安装作业不间断进行。

(6) 用醒目的标识和围护将作业区隔离，严禁无关人员进入作业区。

2. 测量放线

(1) 根据楼层轴网控制线，弹出楼梯位置线。

(2) 用激光水平仪复测墙面上的标高控制线，本案例工程中，预制外墙上的标高控制线为 1 m。

3. 结合面处理

(1) 清扫楼面上的混凝土渣及细石砂浆颗粒。

(2) 用激光水平仪和卷尺，确定需要放置的垫块厚度。

(3) 用卷尺检查挑耳上预埋螺栓的位置，是否符合图纸要求。

(4) 洒水湿润结合面，根据楼梯安装详图，在挑耳内侧面安装聚苯板，厚度控制在 30 mm。

技术交底记录	资料编号	

（5）在挑耳上铺设 20 mm 厚的水泥砂浆，抹平砂浆面，与垫块顶面持平。

4. 试吊构件

（1）用配套的鸭嘴口吊具连接楼梯上的吊钉，吊链与构件的水平夹角不应小于 45°；靠近下端踏步段的吊链可采用手拉葫芦，方便安装时调整楼梯的水平角度。

（2）在楼梯上系定位牵引绳，方便后续构件安装时就位。

（3）将楼梯吊起约 300 mm 左右的距离，看有无脱落、滑钩等情况，无异常情况再继续起吊。

5. 构件吊运

（1）构件吊运时，信号工应和塔式起重机司机相互配合，避免楼梯与其他物体发生碰撞。

（2）在吊运过程中，应保持构件平稳，严禁快起急停，当构件吊至比安装作业面高出 3 m 以上，且高出作业面最高设施 1 m 以上时，再将构件平移至安装部位上方。

6. 构件就位

（1）在距作业层上方 2 m 左右略做停顿，施工人员可以通过引导绳，控制楼梯下落方向和位置。

（2）当构件高度接近安装部位约 1 m 处后，安装人员可手扶构件引导就位。

（3）将楼梯放置在梯梁的挑耳上，若楼梯水平角度没有达到安装要求，可手动调整手拉葫芦链条，使楼梯与上、下梯梁能够完全契合。

7. 构件安装位置检查

（1）用卷尺复核楼梯的安装位置，若有偏差，则应使用撬棍将楼梯调整到正确位置，复查完成后填写检查表。

（2）用靠尺检查楼梯的平整度，偏差超出允许范围的应进行调整，记录检查数据。

（3）用卷尺检查踏步面至墙面 1 m 标高线的距离，记录检查数据。

8. 连接位置施工

（1）根据预制楼梯安装详图，在梯段上端梯梁的预留孔洞内用灌浆料进行封堵，再用水泥砂浆密封。

（2）将 PE 棒塞入上端梯梁与楼梯之间的缝隙，再用密封胶进行密封处理。

（3）在梯段下端梯梁的预埋螺栓上安装垫片，并用螺母固定垫片，用水泥砂浆封堵预留孔的剩余部位。

（4）将 PE 棒塞入下端梯梁与楼梯之间的缝隙，再用密封胶进行密封处理。

（5）预制楼梯为清水混凝土面层，为避免后期施工磕碰，在安装完成后应及时用竹胶板或多层板进行成品保护。

四、注意事项

（1）检查楼梯构件是否搁置平实。

（2）检查梯段板标高是否正确。

（3）在销键预留孔灌浆封堵前对梯段板进行验收。

预制楼梯板安装

五、允许偏差项目

项次	项目		允许偏差/mm	检查方法
1	构件中心线对轴线位置		5	经纬仪及尺量
2	构件标高（板底面或顶面）		±5	水准仪或拉线、尺量
3	相邻构件平整度	外露	3	2 m 靠尺和塞尺量测
		不外露	5	
4	构件垂直度		±10	尺量

注：此表依据《装配式混凝土建筑技术标准》（GB/T 51231—2016）

六、质量记录

（1）预制楼梯出厂合格证。

（2）构件吊装记录

交底人		接收交底人数		交底时间	
接收交底人员					

学习活动 2　制定方案与组织实施

一、人员准备

5名学员为一组，其中指挥员（兼组长）1名、挂钩员1名、测量员1名、安装员2名。5名学员安装岗位分工并轮换岗位反复组织实施，岗位职责见班组岗位分工表（表8-3）。

表 8-3　预制楼梯吊装班组岗位分工

序号	岗位	工作内容	职责要求	备注
1	指挥员			
2	挂钩员			
3	测量员			
4	安装员			

在吊装作业之前，班组应进行班前会议，明确岗位分工和操作要领，指导教师对学员进行安全技术交底，强调安全隐患及注意事项。5 名学员全程佩戴胸牌和安全帽，以强化角色感知。

二、安装面处理

（1）检查上、下支座处预留螺栓的位置、长度和垂直度，确保楼梯就位时能顺利插入销键预留洞内。

搁置式梯段吊装

（2）在平台板上弹出楼梯安装左右边线，同时弹出前段控制线。

（3）在工厂制作时，预制楼梯的可见面一般与钢模直接接触，成型后表面平整、光洁，表面防滑槽、栏杆预埋件等在工厂均能完成留置。这样的楼梯在住宅建筑及一般公共建筑中不需要再做饰面；而楼梯的平台，特别是楼层平台一般需要随楼层一同做建筑面层，故预制楼梯上、下两个踏面与平台间需要留置出饰面做法厚度，需要对梯段的安装标高进行控制。

（4）在上、下支座的安装面上放置垫片，垫片高度根据标高进行调整，并用砂浆找平。

安装面处理如图 8-1 所示。

图 8-1　安装面处理

学中做：

　　预制楼梯安装时，应根据施工图纸的弹出预制楼梯安装控制线，预制楼梯侧面距结构墙体预留（　　）mm 的空隙，为后续初装的抹灰作业预留空间。

　　A. 20　　　　　　　B. 30　　　　　　　C. 40　　　　　　　D. 50

三、吊装就位

预制楼梯一般设置 4 个吊点，多采用吊钉或内置螺母，这样的吊点不凸出踏面，方便后期处理。（注意：当采用内置螺母时，要做好螺母的保护，防止掉入杂物堵塞，造成吊具螺杆无法拧入。）

（1）预制楼梯可采用梁式吊具起吊，吊索与水平面夹角不宜小于 60°，且不应小于 45°；或者采用架式吊具起吊，4 根吊索平行竖直，受力更合理。

（2）为保证梯段踏面在起吊过程中能处于水平状态，吊索采用两长两短的方式组合，靠近上支座的两根吊索短，靠近下支座的两根吊索长。

（3）起吊楼梯一般需要与手拉葫芦配合，手拉葫芦在楼梯吊装中有以下作用：

1）在楼梯安装位置较复杂或空间狭小、楼梯下降时，可能需要借助手拉葫芦提升梯段的一端，加大倾角，便于下落。

2）楼梯就位后，当安装位置出现偏差时，需要利用手拉葫芦将楼梯一端稍提起，调整后重新就位。

（4）楼梯起吊挂钩由地面司索工完成，当需要溜绳时，一并固定在楼梯上。确认挂钩无误后，周边人员撤离至安全位置，由地面信号工指挥吊机缓缓起吊。

（5）当楼梯吊离地面 20～30 cm 时停止，检查吊机、构件、吊具、吊索状态及周边环境，确认安全后继续指挥吊机提升。吊机提升起吊构件应缓慢、平稳。

（6）可利用溜绳来控制楼梯在空中吊运过程的姿态及稳定。

（7）当楼梯吊至安装楼层位置后，应交由楼面司索工负责指挥吊机工作。

（8）吊装工分别站在楼层平台和休息平台处，根据控制线位置，手扶引导楼梯缓慢降落，直至就位。

（9）楼梯就位后，及时在销键预留洞内灌浆。

四、调整校正

（1）根据前后左右的控制线，复核楼梯的平面位置。

（2）根据标高控制线，复核楼梯上、下踏面的标高。

（3）可采用撬棍进行调整，或采用手拉葫芦吊起调整后重新就位。

学习活动 3 质量验收

预制楼梯安装质量
验收与成品保护

预制楼梯安装检验批质量验收记录见表 8-4。

表 8-4 预制楼梯安装检验批质量验收记录

工程名称						
施工单位						
单位工程名称				分部工程名称		
分项工程名称				验收部位		
项目经理			技术负责人		检验日期	
验收执行标准名称及编号			《装配式混凝土结构技术规程》（JGJ 1—2014）			
施工质量验收规范的规定			检查结果/实测点偏差值或实测值			
项目		检验方法	实测值/mm	规范允许值/mm		结论
预制楼梯	长度	钢尺检查		±5		
	宽度					
	厚度			±3		
预制楼梯弯曲度		拉线、钢尺量最大侧向弯曲度		$L/750$ 且 $\leqslant 20$		
预制楼梯表面平整度		2 m 靠尺和塞尺检查		4		
预制楼梯预留洞	中心线位置	钢尺检查		5		
	尺寸			±3		
预制楼梯预埋吊环	中心线位置	钢尺检查		10		
	外露长度			+8，0		
施工单位检查评定结果						
			项目专业质量检查员： 年　月　日			
监理（建设）单位验收结论						
			专业监理工程师： （建设单位项目专业技术负责人） 年　月　日			
注：L 为构件长度						

学习活动 4　总结与评价

一、撰写项目总结

要求：（1）语言精练、无错别字。

（2）编写内容主要包括学习内容、体会、学习中的优缺点及改进措施。

（3）300 字左右。

项目总结见表 8-5。

表 8-5 _____ 项目总结

1. 遇到的问题及解决措施

2. 工作过程

序号	主要工程步骤	要点

二、学习任务评价表

评价项目	评价标准	评价依据	评价方式			权重	得分小计	总分
			自评	小组评价	教师评价			
			0.2	0.3	0.5			
职业素养	1. 遵守课题纪律和教师安排； 2. 正确理解并执行安全措施； 3. 团队合作精神	考勤表				0.3		
专业能力	1. 能描述预制楼梯安装工艺流程； 2. 能正确选择并使用吊装工器具； 3. 能组织预制楼梯吊装； 4. 能组织预制楼梯吊装质量验收	正确完成预制楼梯吊装过程				0.7		

教师签名：   日期：

学习任务9 预制外墙拼缝处理

任务工单

一、任务情景描述

上海市嘉定区××装配式安置房项目，根据土建施工进度计划组织5层预制外墙拼缝处理，施工单位委托××院制定施工方案、组织施工，并对完成的预制外墙拼缝质量组织验收。

二、学习活动及学时分配

学习活动及学时分配见表9-1。

表9-1 学习活动及学时分配

活动序号	学习活动	学时安排	备注
1	技术交底	1	
2	制定方案与组织实施	2	
3	质量验收	0.5	
4	总结拓展	0.5	

三、学习目标

1. **知识目标**
(1) 了解预制外墙拼缝处理所需工具；
(2) 掌握预制外墙拼缝施工工艺流程。

2. **能力目标**
(1) 能组织预制外墙拼缝处理过程；
(2) 能组织预制外墙拼缝质量验收。

3. **素质目标**
(1) 培养精益求精的工匠精神与职业素养；
(2) 培养严谨、细心、按时守约的工作态度。

四、任务简介

预制外墙拼缝处理工作主要包括基层清理、填塞背衬材料、涂刷底涂、打胶、清理外立面等，作业完成后开展质量验收工作。作业全过程落实质量管理、安全管理和文明作业要求。

学习活动 1　接收任务及技术交底

技术交底书见表 9-2。

表 9-2　技术交底书

技术交底记录			资料编号	
工程名称				
施工单位			审核人	
分包单位			☑施工组织总设计交底	
			☑单位工程施工组织设计交底	
交底单位			☑施工方案交底	
			☑专项施工方案交底	
接收交底范围			☑施工作业交底	

交底内容：

一、准备工作

1. 技术准备

（1）熟悉审查图纸、学习有关打胶使用和检验的规范、规程。

（2）材料进厂后，应将材料合格证、材质证明及时上报监理，对材料的保质期、外观等做初步检查，对不合格的产品或过期产品坚决不允许使用。

2. 施工工具准备

MS 装配式专用密封胶（600 mL/支）、PE 棒、美纹纸、界面处理剂 1005B（底涂）等主要耗材及外挂平台等主要工器具的型号、数量、质量要求等。

外墙胶的施工方式根据总包要求采用吊篮方式，打胶专业人员在施工平台操作完成。

二、辅助材料及工具

1. 背衬材料

密封胶的背衬材料，宜选用发泡闭孔聚乙烯塑料棒（图 9-1）或发泡氯丁橡胶棒，直径应不小于 1.5 倍缝宽，密度宜为 24～48 kg/m²。

图 9-1　发泡闭孔聚乙烯塑料棒

背衬材料的主要作用是控制密封胶胶体的厚度，并避免出现三面粘结妨碍形变。预制外墙接缝处密封胶的背衬材料在构造防水或构造与材料相结合的防排水设计中，是形成常压空腔的重要组成部分，并为密封胶嵌缝施工提供较稳定的基层。外墙接缝施工过程会产生缝宽误差，选用直径大于缝宽的背衬材料可以增加背衬材料与预制外墙的接触面，提高牢固度，以方便防水密封胶层的施工并保证防水质量。

技术交底记录	资料编号	

2. 粘结隔离材料

防水密封胶嵌入墙板拼缝后，与拼缝两侧混凝土基层粘结，与背衬材料接触的一侧不宜发生粘结，否则，会使密封胶处于三面粘结的状态，在变形时，形成复杂应力状态而发生破坏。

常用的隔离材料有聚乙烯或聚四氟乙烯自粘带，不建议采用液体粘结隔离材料，以防止污染粘结面。

一般情况下，当采用硬质背衬材料时，宜使用粘结隔离材料，以阻止密封胶粘结到硬质背衬上，形成有害的三面粘结。软的、易变形的开孔背衬材料因不会明显地限制密封胶的自由移动，而不需要粘结隔离材料。

3. 美纹纸

美纹纸如图 9-2 所示，沿拼缝周边粘贴，用来保护拼缝附近的墙面，防止打胶时污染。美纹纸的宽度不小于 20 mm。

图 9-2　美纹纸

4. 底涂液

底涂液是用来提高密封胶和基材之间粘结性的材料，通常为液体，均匀涂抹后成膜。底涂层可以提高密封胶和基材粘结的可靠性与耐久性。底涂液含有挥发溶剂，要保存在指定场所，尤其要注意防火。

5. 导水管

导水管应采用专用单向排水管，管内径不宜小于 10 mm，外径不应大于接缝宽度，管壁厚度不应小于 1 mm，材质为 PE 或橡胶材料，并应具有良好的耐候性，在密封胶表面的外露长度不应小于 5 mm。

设置导水管有以下两个目的。

（1）连通接缝空腔内外，达到平衡气压的作用。

（2）将透过密封胶的渗漏水排出。这种做法在日本及我国南方地区的外墙密封防水工程中很常见。

6. 打胶工具

用于打胶的工具包括角磨机、切割机、吹风机、双组分搅拌机、单组分打胶枪、双组分打胶枪、钢丝刷、毛刷、铲刀、刮刀、底涂刷、美工刀、尺等。

三、施工工艺流程

基层清理→基层修复→填塞背衬材料→贴美纹纸→涂刷底涂→施胶→胶面修整→清理美纹纸。

四、施工注意要点

1. 密封胶接口

每次打胶结束时，将结尾的胶向缝道内压，同时盖住 PE 棒，以避免雨水或者其他明水流入未固化的密封胶内侧。密封胶已经表干后，需要继续施工时，应将已固化的密封胶用美工刀割出 45°斜口（外低内高），以增大新、老胶之间的接触面积。

技术交底记录		资料编号	

2. 接缝潮湿施工

　　施工时，随时注意天气的变化，如遇雨天，雨水会淋湿墙面，导致粘结不良，禁止进行打胶工作；墙面在潮湿时，禁止施工，会影响粘结力，应观察板缝是否潮湿，再决定是否施工。

3. 冬期施工

　　如遇下雪天气应停止施工，防止雪水混入密封胶；当气温低于＋5 ℃时，应停止施工，因为低温会导致密封胶固化反应不彻底，质量下降

交底人		接收交底人数		交底时间	
接收交底人员					

学习活动 2　制定方案与组织实施

一、人员准备

预制外墙拼缝处理过程需要 5 名学员为一组，其中，技术负责人 1 名、专职检验人员 1 名、打胶技工 3 名（表 9-3）。

表 9-3　预制外墙拼缝处理班组岗位分工

序号	岗位	工作内容	职责要求	备注
1	技术负责人			
2	检验员			
3	打胶技工			

在预制外墙拼缝处理之前，班组应进行班前会议，明确岗位分工和操作要领，指导教师对学员进行安全技术交底，强调安全隐患及注意事项。5 名学员全程佩戴胸牌和安全帽，以强化角色感知。

二、接缝界面的要求及处理

通过角磨机或铲刀去除拼接缝中不利于粘结的物质，如油脂、灰尘、油漆、水泥浮浆和其他不利于粘结的微粒。用毛刷或真空吸尘器，清洁基材表面上由于清理而残留的灰尘、杂质等。处理过程中，应尽量避免对接缝的破坏（图9-3）。

当接缝宽度不符合要求时，不得采用剔凿的方式增加接缝宽度。当需要扩缝或清理缝中的杂质时，可采用切割的方式。

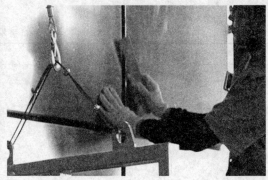

图 9-3　基层处理

经处理的预制外墙接缝两侧的混凝土基层应符合下列要求。

（1）基层应坚实、平整，不得有蜂窝、麻面、起皮和起砂等现象。

（2）表面应清洁、干燥，无油污、无灰尘。

（3）接缝两侧基层高度偏差不宜大于 2 mm。

预制外墙接缝防水

三、填塞背衬材料

接缝处理完毕后，用吹风机或毛刷将缝隙内的灰尘或杂物清理干净，即可填塞背衬材料。一般当墙板接缝为 20 mm 宽时，打胶深度宜为 10～15 mm，因此，在填塞背衬材料时，需要控制嵌入深度。

背衬材料推入缝内应均匀、顺直，接长使用时，尾部需要用美工刀裁成 45°，方便拼接。

当需要安装导水管时，应在导水管部位斜向上按设计角度设置背衬材料，背衬材料应内高外低。导水管应顺背衬材料方向埋设，与两侧基层间隙应用密封胶封严。导水管的上口应位于空腔的最低点。

> **学中做：**
>
> 　密封胶的背衬材料，宜选用发泡闭孔聚乙烯塑料棒或发泡氯丁橡胶棒，直径应不小于 ＿＿＿＿ 倍缝宽。

四、贴美纹纸

美纹纸应在刷底涂液前粘贴。美纹纸在转角处的粘贴可按 45°折叠，保证平直、连续，转角方正垂直，如图 9-4 所示。

一个板块上的美纹纸尽量通长粘贴，撕除时只需揭开一角，利用铲刀慢慢卷起，直至美纹纸全部撕除，这样，可避免多次触碰墙面，减少污染。

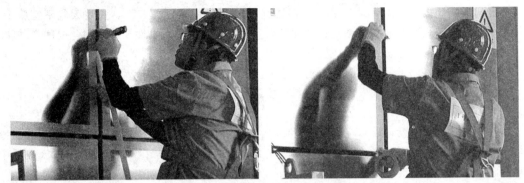

图 9-4　贴美纹纸

学中做：
　　背衬材料推入缝内应均匀、顺直，当接长使用时，尾部需要用美工刀裁成_____角方便拼接。

五、刷底涂液

底涂液要求涂布均匀，不得漏涂。将底涂液倒入小塑料杯中，用小毛刷涂刷接缝处混凝土面。涂刷好后，应待涂层干燥后进行密封胶施工，且应在涂刷后 8 h 内完成。若密封胶施工不能在规定时间内开始，则需要在正式施胶前再次涂刷底涂液。在一般条件下，底涂层干燥时间在 30 min 以内。

六、双组分密封胶制备

双组分密封胶（图 9-5）的固化剂和主剂的比例一般在出厂前就已经按照包装定好，使用时，只需将固化剂倒入主剂桶内混合搅拌即可。

将主剂桶放置在专用的混胶机器上，扣上固定卡扣，安装好搅拌划桨，启动电源开关，设置好搅拌时间（15 min），由机器按设定的程序自动混胶，不宜使用手动搅拌机，以免混入气泡。

图 9-5　双组分密封胶

七、打胶

（1）打胶施工的适宜温度为 5～40 ℃，适宜相对湿度为 40%～80%，雨雪天气不宜施工。环境温度过低会降低密封胶的粘结性；温度过高会使密封胶的抗下垂性变差、固化时间会加快，使用时间和修整时间会缩短，容易产生气泡。

（2）打胶基面必须干燥，否则，不允许施工。

（3）当密封胶的厚度（嵌入深度）控制在接缝宽度的 50%～70% 且不小于 8 mm 时，防水效果较佳且较为经济。

（4）根据填缝的宽度，沿 45°将胶嘴切割至合适的口径，当采用双组分密封胶时，吸胶时枪嘴应低于胶面，避免吸入空气，吸胶用力要均匀；当采用单组分密封胶时，将胶条放入胶枪中即可。

（5）打胶时，尽量将枪嘴探到背衬材料表面，挤注动作应连续进行，使胶均匀、连续地呈圆柱状从枪嘴挤出。枪嘴应均匀、缓慢地移动，确保接口内充满密封胶，防止枪嘴移动过快而产生气泡或空腔，如图 9-6 所示。

图 9-6　打胶施工

（6）在对十字接口或 T 形接口打胶时，应先在接口处挤进足量的密封胶，再分别向其他几个方向牵引施胶。

（7）打胶时，不可避免地会混入少量空气，但当混入大量空气时，需要去除胶体后重新打胶。

（8）当缝宽大于 30 mm 时，需要分两次注胶，填缝厚度不应小于 15 mm。

（9）如果同一条接缝的施胶过程中断，而需要分两次施工时，则将胶条尾部修整成 45°坡度，方便后续接头。

（10）打胶完成后，在密封胶表干前，用刮刀或专用压片沿着打胶的反方向刮平、压实，禁止来回反复地刮胶。

（11）夏秋高温季节施工，需要用抹刀将胶体表面修饰成平整、美观的平面形状；冬春低温季节施工，需要将胶体表面修饰成凹面形状。

（12）胶面修饰完成后，应立即去除美纹纸，墙板上黏附的密封胶要在其固化前用溶剂去除，并对现场进行清扫。施工工具应用清洗剂清洁干净。

学习活动 3 质量验收

拼缝处理质量验收

预制外墙拼缝处理质量验收记录见表 9-4。

表 9-4 预制外墙拼缝处理质量验收记录

工程名称				
施工单位				
单位工程名称		分部工程名称		
分项工程名称		验收部位		
项目经理		技术负责人	检验日期	
验收执行标准名称及编号		《装配式混凝土结构技术规程》（JGJ 1—2014）		
施工质量验收规范的规定		检查结果/实测点偏差值或实测值		
项目	检测方法	实测值	性能指标	结论
预制外墙拼缝 宽度	尺量检查		±5	
预制外墙拼缝 中心线位置	尺量检查		±5	
施工单位检查评定结果	项目专业质量检查员： 年　月　日			
监理（建设）单位验收结论	专业监理工程师： （建设单位项目专业技术负责人） 年　月　日			

学习活动 4　总结与评价

一、撰写项目总结

要求：（1）语言精练、无错别字。

（2）编写内容主要包括学习内容、体会、学习中的优缺点及改进措施。

（3）300 字左右。

项目总结见表 9-5。

表 9-5 ＿＿＿＿＿＿＿＿项目总结

1. 遇到的问题及解决措施

2. 工作过程

序号	主要工程步骤	要点

二、学习任务评价表

评价项目	评价标准	评价依据	评价方式			权重	得分小计	总分
			自评	小组评价	教师评价			
			0.2	0.3	0.5			
职业素养	1. 遵守课题纪律和教师安排； 2. 正确理解并执行安全措施； 3. 团队合作精神	考勤表				0.3		
专业能力	1. 能描述预制外墙拼缝处理工艺流程； 2. 能正确选择并使用工器具； 3. 能组织预制外墙拼缝处理施工过程； 4. 能组织预制外墙拼缝处理质量验收	正确完成预制外墙拼缝过程				0.7		

教师签名：　　　　　　　　　　　　　　　　日期：

附　　录

附件 1 《装配式建筑智能建造》赛项－剪力墙外墙板吊装实操评分标准

评分项	评分内容	扣分点	分值
劳保用品准备	1. 安全帽领取（1分）	领取安全帽，得1分； 未领取安全帽，得0分	4
	2. 佩戴安全帽（1分）	正确佩戴安全帽，得1分； 未正确佩戴安全帽，得0分。 穿戴标准： （1）内衬圆周大小调节到头部稍有约束感为宜。 （2）系好下颚带，下颚带应紧贴下颚，松紧以下颚有约束感，但不难受为宜	
	3. 劳保工装、防护手套领取（1分）	领取劳保工装、防护手套，得1分； 未领取劳保工装、防护手套，得0分	
	4. 穿戴劳保工装、防护手套（1分）	正确穿戴劳保工装、防护手套，得1分； 未正确穿戴劳保工装、防护手套，得0分。 穿戴标准： （1）劳保工装做到"统一、整齐、整洁"，并做到"三紧"，即领口紧、袖口紧、下摆紧，严禁卷袖口、卷裤腿等现象。 （2）必须正确佩戴手套，方可进行实操考核	
设备检查	5. 检查施工设备（如吊装机具、吊具等）（2分）	操作开关检查吊装机具是否正常运转，吊具是否正常使用，得2分； 未进行检查，得0分	2
施工准备	6. 领取工具（1分）	根据安装工艺流程领取全部工具	6
	7. 领取材料（1分）	根据安装工艺流程领取全部材料	
	8. 领取钢筋（1分）	根据图纸进行节点钢筋选型（规格、加工尺寸、数量）及钢筋清理	
	9. 领取模板（1分）	根据图纸进行模板选型及数量确定	
	10. 领取辅材（1分）	根据图纸进行辅材选型（扎丝、垫块等）及数量确定	
	11. 卫生检查及场地清理（1分）	施工场地卫生检查及清扫	

评分项	评分内容	扣分点	分值
剪力墙内装吊装工艺流程	12. 构件质量检查（1分）	依据图纸使用工具（钢卷尺、靠尺、塞尺）进行剪力墙质量检查（尺寸、外观、平整度、埋件位置及数量等）	23
	13. 连接钢筋处理—连接钢筋除锈（1分）	使用工具（钢丝刷），对生锈钢筋进行处理，若没有生锈钢筋，则说明钢筋无须除锈	
	14. 连接钢筋处理—连接钢筋长度检查（1分）	使用工具（钢卷尺），对每个钢筋进行测量，指出不符合要求的钢筋	
	15. 连接钢筋处理—连接钢筋垂直度检查（1分）	用钢筋定位模板对钢筋位置、垂直度进行测量，指出不符合要求的钢筋	
	16. 连接钢筋处理—连接钢筋校正（1分）	使用工具（钢套管），对钢筋长度、位置、垂直度等，不符合要求的钢筋进行校正	
	17. 工作面处理—凿毛处理（1分）	使用工具（铁锤、錾子），对定位线内工作面进行粗糙面处理	
	18. 工作面处理—工作面清理（1分）	使用工具（扫把），对工作面进行清理	
	19. 工作面处理—洒水湿润（1分）	使用工具（喷壶），对工作面进行洒水湿润处理	
	20. 弹控制线（2分）	使用工具（钢卷尺、墨盒、铅笔），根据已有轴线或定位线引出200～500 mm控制线	
	21. 放置橡塑棉条（1分）	使用材料（橡塑棉条），根据定位线或图纸放置橡塑棉条至保温板位置	
	22. 放置垫块（1分）	使用材料（垫块），在墙两端距离边缘4 cm以上，远离钢筋位置处放置2 cm高垫块	
	23. 标高找平（1分）	使用工具（水准仪、水准尺），先后视假设标高控制点，再将水准尺分别放置在垫块顶上，若垫块标高符合要求，则不需调整，若垫块不在误差范围内，则需换不同规格的垫块	
	24. 剪力墙吊装—吊具连接（1分）	选择吊孔，满足吊链与水平夹角不宜小于60°	
	25. 剪力墙吊装—剪力墙试吊（1分）	操作吊装设备起构件至距离地面约300 mm时停止，观察吊具是否安全	
	26. 剪力墙吊装—剪力墙吊运（1分）	操作吊装设备吊运剪力墙，缓起、匀升、慢落	
	27. 剪力墙吊装—剪力墙安装对位（2分）	使用工具（镜子），将镜子放置墙体两端钢筋相邻处，观察套筒与钢筋的位置关系，边调整剪力墙位置边下落	
	28. 剪力墙临时固定（1分）	使用工具（斜支撑、扳手、螺栓），临时固定墙板	

评分项	评分内容	扣分点	分值
剪力墙内装吊装工艺流程	29. 剪力墙调整 —剪力墙位置测量及调整（1分）	使用工具（钢卷尺、撬棍），先进行剪力墙位置测量是否符合要求，如误差＞10 mm，则使用撬棍进行调整	23
	30. 剪力墙调整 —剪力墙垂直度测量及调整（1分）	使用工具（有刻度靠尺），检查是否符合要求，如误差＞10 mm，则调整斜支撑进行校正	
	31. 剪力墙终固定（1分）	使用工具（扳手）进行终固定	
	32. 摘除吊钩（1分）	摘除吊钩	
后浇段连接施工	33. 连接钢筋处理 —连接钢筋除锈（1分）	使用工具（钢丝刷），对生锈钢筋进行处理，若没有生锈钢筋，则说明钢筋无须除锈	25
	34. 连接钢筋处理 —连接钢筋长度检查（1分）	使用工具（钢卷尺），对每个钢筋进行测量，指出不符合要求的钢筋	
	35. 连接钢筋处理 —连接钢筋垂直度检查（1分）	用直角尺对钢筋位置、垂直度进行测量，指出不符合要求的钢筋	
	36. 连接钢筋处理 —连接钢筋校正（1分）	使用工具（钢套管），对钢筋长度、垂直度等，不符合要求的钢筋进行校正	
	37. 分仓判断（1分）	根据图纸提供信息计算，当最远套筒距离≤1.5 m时，则不需分仓；否则，需要分仓	
	38. 工作面处理 —凿毛处理（1分）	使用工具（铁锤、錾子），对定位线内工作面进行粗糙面处理	
	39. 工作面处理 —工作面清理（1分）	使用工具（扫把），对工作面进行清理	
	40. 工作面处理 —洒水湿润（1分）	使用工具（喷壶），对水平工作面和竖向工作面进行洒水湿润处理	
	41. 工作面处理 —接缝保温防水处理（1分）	使用材料（橡塑棉条），根据图纸沿板缝填充橡塑棉条	
	42. 弹控制线（1分）	使用工具（钢卷尺、墨盒、铅笔），根据已有轴线或定位线引出200~500 mm控制线	
	43. 钢筋连接 —摆放水平钢筋（2分）	根据图纸，将水平钢筋摆放到指定位置，并用工具（扎钩、镀锌钢丝）临时固定	

评分项	评分内容	扣分点	分值
后浇段连接施工	44. 钢筋连接 —竖向钢筋与底部连接钢筋连接（2分）	根据图纸，将竖向钢筋与节点连接钢筋用直螺纹套筒连接	25
	45. 钢筋连接 —钢筋绑扎（2分）	使用工具（扎钩）和材料（扎丝），依次绑扎钢筋连接处。竞赛中不少于 10 处绑扎部位	
	46. 钢筋连接 —固定保护层垫块（1分）	使用工具（扎钩）和材料（扎丝、垫块），固定保护层垫块，一般垫块间距为 500 mm 左右	
	47. 钢筋连接质量（1分）	使用相关工具对钢筋绑扎进行质量检测（钢筋间距、钢筋绑扎处牢固、垫块）	
	48. 模板安装 —粘贴防侧漏、底漏胶条（1分）	使用材料（胶条），沿墙边竖直粘贴胶条	
	49. 模板安装 —模板选型（1分）	使用工具（钢卷尺）和肉眼，观察选择合适模板	
	50. 模板安装 —粉刷脱模剂（1分）	使用工具（滚筒）和材料（脱模剂），均匀涂刷与混凝土接触面	
	51. 模板安装 —模板初固定（1分）	使用工具（扳手、螺栓），依次用扳手初固定	
	52. 模板安装 —模板位置检查与校正（1分）	使用工具（钢卷尺、橡胶锤），检查模板安装位置是否符合要求，若超出误差＞1 cm，则用橡胶锤进行位置调整	
	53. 模板安装 —模板终固定（1分）	使用工具（扳手），对螺栓进行终拧	
	54. 模板质量（1分）	使用相关工具对模板成果进行质量检测（牢固、位置偏差）	
工完料清	55. 拆解并复位模板（1分）	使用工具（扳手），依据先装后拆的原则拆除模板，并放置原位	6
	56. 拆解并复位钢筋（1分）	使用工具（钢丝钳），依据先装后拆的原则拆除钢筋，并放置原位	
	57. 拆除构件并放置存放架（1分）	使用吊装设备，依据先装后拆的原则将构件放置原位	
	58. 工具入库（1分）	清点工具并放置原位	
	59. 材料回收（1分）	回收可再利用材料，放置原位，分类明确，摆放整齐	
	60. 场地清理（1分）	使用工具（扫把），清理模台和地面，不得有垃圾（扎丝），清理完毕后归还清理工具	

评分项	评分内容	扣分点	分值
质量检测	61. 剪力墙安装连接牢固程度（2分）	手动检查剪力墙是否安装牢固	20
	62. 剪力墙安装位置（4分）	使用卷尺测量墙底部与控制线之间的距离（200 mm），安装位置误差范围（8 mm，0）	
	63. 剪力墙垂直度（4分）	使用工具（有刻度靠尺），检查是否符合要求，误差范围（5 mm，0）	
	64. 纵向钢筋间距误差（10 mm，0）（2分）	钢筋间距：130 mm，钢筋间距误差范围（10 mm，−10 mm）；检测方式：钢直尺连续三档取值，最大值	
	65. 钢筋绑扎（4分）	相邻绑扎点的丝扣要成八字形，竞赛中不少于10处绑扎部位	
	66. 垫块布置间距（2分）	按梅花状，每间隔500 mm放置一个垫块，误差范围（10 mm，0）	
	67. 保温条铺设（2分）	检查保温条是否铺设正确，底部和缝隙处	
施工过程时长	68. 时间记录（8分）	起止时间： 时长： 总分8分，基本时间50 min，每超过5 min扣1分，总时间不得超过60 min	8
工完料清时长	69. 时间记录（2分）	起止时间： 时长： 总分2分，基本时间8 min，每超过1 min扣0.5分，总时间不得超过10 min	2
安全生产	70. 施工过程中严格按照安全文明生产规定操作，无恶意损坏工具、原材料，且无因操作失误造成考试干系人伤害等行为（4分）	在比赛过程中出现安全事故的，本次比赛直接为0分。未发生安全事故的，得4分。 安全生产是指生产过程中严格按照安全文明生产规定操作，无恶意损坏工具、原材料，且无因操作失误造成考试干系人伤害等行为	4
总分			100

注：摘自全国职业院校技能大赛"装配式建筑智能建造"赛项规程考核评分

附件 2 《装配式建筑智能建造》赛项－剪力墙内墙板吊装实操评分标准

评分项	评分内容	扣分点	分值
劳保用品准备	1. 安全帽领取（1分）	领取安全帽，得1分； 未领取安全帽，得0分	4
	2. 佩戴安全帽（1分）	正确佩戴安全帽，得1分； 未正确佩戴安全帽，得0分。 穿戴标准： （1）内衬圆周大小调节到头部稍有约束感为宜。 （2）系好下颚带，下颚带应紧贴下颚，松紧以下颚有约束感，但不难受为宜	
	3. 劳保工装、防护手套领取（1分）	领取劳保工装、防护手套，得1分； 未领取劳保工装、防护手套，得0分	
	4. 穿戴劳保工装、防护手套（1分）	正确穿戴劳保工装、防护手套，得1分； 未正确穿戴劳保工装、防护手套，得0分。 穿戴标准： （1）劳保工装做到"统一、整齐、整洁"，并做到"三紧"，即领口紧、袖口紧、下摆紧，严禁卷袖口、卷裤腿等现象。 （2）必须正确佩戴手套，方可进行实操考核	
设备检查	5. 检查施工设备（如吊装机具、吊具等）（2分）	操作开关检查吊装机具是否正常运转，吊具是否正常使用，得2分； 未进行检查，得0分	2
施工准备	6. 领取工具（1分）	根据安装工艺流程领取全部工具	6
	7. 领取材料（1分）	根据安装工艺流程领取全部材料	
	8. 领取钢筋（1分）	根据图纸进行节点钢筋选型（规格、加工尺寸、数量）及钢筋清理	
	9. 领取模板（1分）	根据图纸进行模板选型及数量确定	
	10. 领取辅材（1分）	根据图纸进行辅材选型（扎丝、垫块等）及数量确定	
	11. 卫生检查及场地清理（1分）	施工场地卫生检查及清扫	

评分项	评分内容	扣分点	分值
剪力墙内墙吊装工艺流程	12. 构件质量检查（1分）	依据图纸使用工具（钢卷尺、靠尺、塞尺）进行剪力墙质量检查（尺寸、外观、平整度、埋件位置及数量等）	23
	13. 连接钢筋处理 —连接钢筋除锈（1分）	使用工具（钢丝刷），对生锈钢筋进行处理，若没有生锈钢筋，则说明钢筋无须除锈	
	14. 连接钢筋处理 —连接钢筋长度检查（1分）	使用工具（钢卷尺），对每个钢筋进行测量，指出不符合要求的钢筋	
	15. 连接钢筋处理 —连接钢筋垂直度检查（1分）	用钢筋定位模板对钢筋位置、垂直度进行测量，指出不符合要求的钢筋	
	16. 连接钢筋处理 —连接钢筋校正（1分）	使用工具（钢套管），对钢筋长度、位置、垂直度等，不符合要求的钢筋进行校正	
	17. 工作面处理 —凿毛处理（1分）	使用工具（铁锤、錾子），对定位线内工作面进行粗糙面处理	
	18. 工作面处理 —工作面清理（1分）	使用工具（扫把），对工作面进行清理	
	19. 工作面处理 —洒水湿润（1分）	使用工具（喷壶），对工作面进行洒水湿润处理	
	20. 弹控制线（2分）	使用工具（钢卷尺、墨盒、铅笔），根据已有轴线或定位线引出200～500 mm控制线	
	21. 放置垫块（1分）	使用材料（垫块），在墙两端距离边缘4 cm以上，远离钢筋位置处放置2 cm高垫块	
	22. 标高找平（2分）	使用工具（水准仪、水准尺），先后视假设标高控制点，再将水准尺分别放置在垫块顶，若垫块标高符合要求，则不需调整，若垫块不在误差范围内，则需换不同规格的垫块	
	23. 剪力墙吊装 —吊具连接（1分）	选择吊孔，满足吊链与水平夹角不宜小于60°	
	24. 剪力墙吊装 —剪力墙试吊（1分）	操作吊装设备起构件至距离地面约300 mm时停止，观察吊具是否安全	
	25. 剪力墙吊装 —剪力墙吊运（1分）	操作吊装设备吊运剪力墙，缓起、匀升、慢落	
	26. 剪力墙吊装 —剪力墙安装对位（2分）	使用工具（镜子），将镜子放置墙体两端钢筋相邻处，观察套筒与钢筋的位置关系，边调整剪力墙位置边下落	
	27. 剪力墙临时固定（1分）	使用工具（斜支撑、扳手、螺栓），临时固定墙板	

评分项	评分内容	扣分点	分值
剪力墙内墙吊装工艺流程	28. 剪力墙调整 —剪力墙位置测量及调整（1分）	使用工具（钢卷尺、撬棍），先进行剪力墙位置测量是否符合要求，如误差＞10 mm，则使用撬棍进行调整	23
	29. 剪力墙调整 —剪力墙垂直度测量及调整（1分）	使用工具（有刻度靠尺），检查是否符合要求，如误差＞10 mm，则调整斜支撑进行校正	
	30. 剪力墙终固定（1分）	使用工具（扳手）进行终固定	
	31. 摘除吊钩（1分）	摘除吊钩	
后浇段连接施工	32. 连接钢筋处理 —连接钢筋除锈（1分）	使用工具（钢丝刷），对生锈钢筋进行处理，若没有生锈钢筋，则说明钢筋无须除锈	25
	33. 连接钢筋处理 —连接钢筋长度检查（1分）	使用工具（钢卷尺），对每个钢筋进行测量，指出不符合要求的钢筋	
	34. 连接钢筋处理 —连接钢筋垂直度检查（1分）	用直角尺对钢筋位置、垂直度进行测量，指出不符合要求的钢筋	
	35. 连接钢筋处理 —连接钢筋校正（1分）	使用工具（钢套管），对钢筋长度、垂直度等，不符合要求的钢筋进行校正	
	36. 工作面处理 —凿毛处理（1分）	使用工具（铁锤、錾子），对定位线内工作面进行粗糙面处理	
	37. 工作面处理 —工作面清理（1分）	使用工具（扫把），对工作面进行清理	
	38. 工作面处理 —洒水湿润（1分）	使用工具（喷壶），对水平工作面和竖向工作面进行洒水湿润处理	
	39. 工作面处理 —接缝保温防水处理（1分）	使用材料（橡塑棉条），根据图纸沿板缝填充橡塑棉条	
	40. 弹控制线（2分）	使用工具（钢卷尺、墨盒、铅笔），根据已有轴线或定位线引出200～500 mm控制线	
	41. 钢筋连接 —摆放水平钢筋（2分）	根据图纸，将水平钢筋摆放指定位置，并用工具（扎钩、镀锌钢丝）临时固定	
	42. 钢筋连接 —竖向钢筋与底部连接钢筋连接（2分）	根据图纸，将竖向钢筋与节点连接钢筋用直螺纹套筒连接	

评分项	评分内容	扣分点	分值
后浇段连接施工	43. 钢筋连接 —钢筋绑扎（2分）	使用工具（扎钩）和材料（扎丝），依次绑扎钢筋连接处。竞赛中不少于10处绑扎部位	25
	44. 钢筋连接 —固定保护层垫块（1分）	使用工具（扎钩）和材料（扎丝、垫块），固定保护层垫块，一般垫块间距为500 mm左右	
	45. 钢筋连接质量（1分）	使用相关工具对钢筋绑扎进行质量检测（钢筋间距、钢筋绑扎处牢固、垫块）	
	46. 模板安装 —粘贴防侧漏、底漏胶条（1分）	使用材料（胶条），沿墙边竖直粘贴胶条	
	47. 模板安装 —模板选型（1分）	使用工具（钢卷尺）和肉眼，观察选择合适模板	
	48. 模板安装 —粉刷脱模剂（1分）	使用工具（滚筒）和材料（脱模剂），均匀涂刷与混凝土接触面	
	49. 模板安装 —模板初固定（1分）	使用工具（扳手、螺栓），依次用扳手初固定	
	50. 模板安装 —模板位置检查与校正（1分）	使用工具（钢卷尺、橡胶锤），检查模板安装位置是否符合要求，若误差＞1 cm，则用橡胶锤进行位置调整	
	51. 模板安装 —模板终固定（1分）	使用工具（扳手），对螺栓进行终拧	
	52. 模板质量（1分）	使用相关工具对模板成果进行质量检测（牢固、位置偏差）	
工完料清	53. 拆解并复位模板（1分）	使用工具（扳手），依据先装后拆的原则拆除模板，并放置原位	6
	54. 拆解并复位钢筋（1分）	使用工具（钢丝钳），依据先装后拆的原则拆除钢筋，并放置原位	
	55. 拆除构件并放置存放架（1分）	使用吊装设备，依据先装后拆的原则将构件放置原位	
	56. 工具入库（1分）	清点工具并放置原位	
	57. 材料回收（1分）	回收可再利用材料，放置原位，分类明确，摆放整齐	
	58. 场地清理（1分）	使用工具（扫把），清理模台和地面，不得有垃圾（扎丝），清理完毕后归还清理工具	

评分项	评分内容	扣分点	分值
质量检测	59. 剪力墙安装连接牢固程度（2分）	手动检查剪力墙是否安装牢固	20
	60. 剪力墙安装位置（4分）	使用卷尺测量墙底部与控制线之间的距离（200 mm），安装位置误差范围（8 mm，0）	
	61. 剪力墙垂直度（4分）	使用工具（有刻度靠尺），检查是否符合要求，误差范围（5 mm，0）	
	62. 纵向钢筋间距误差（10 mm，0）（3分）	钢筋间距：130 mm，钢筋间距误差范围（10 mm，−10 mm）；检测方式：钢直尺连续三档取值，最大值	
	63. 钢筋绑扎（4分）	相邻绑扎点的丝扣要成八字形，竞赛中不少于10处绑扎部位	
	64. 垫块布置间距（3分）	按梅花状，每间隔500 mm放置一个垫块，误差范围（10 mm，0）	
施工过程时长	65. 时间记录（8分）	起止时间： 时长： 总分8分，基本时间50 min，每超过5 min扣1分，总时间不得超过60 min	8
工完料清时长	66. 时间记录（2分）	起止时间： 时长： 总分2分，基本时间8 min，每超过1 min扣0.5分，总时间不得超过10 min	2
安全生产	67. 施工过程中严格按照安全文明生产规定操作，无恶意损坏工具、原材料，且无因操作失误造成考试干系人伤害等行为（4分）	在比赛过程中出现安全事故的，本次比赛直接为0分。未发生安全事故的，得4分。 安全生产是指生产过程中严格按照安全文明生产规定操作，无恶意损坏工具、原材料，且无因操作失误造成考试干系人伤害等行为	4
总分			100

附件3 《装配式建筑智能建造》赛项－
叠合板吊装实操评分标准

评分项	评分内容	扣分点	分值
劳保用品准备	1. 佩戴安全帽（2分）	（1）内衬圆周大小调节到头部稍有约束感为宜。 （2）系好下颚带应紧贴下颚，松紧以下颚有约束感，但不难受为宜。均满足以上要求，可得满分，否则，得0分	4
	2. 穿戴劳保工装、防护手套（2分）	（1）劳保工装做到"统一、整齐、整洁"，并做到"三紧"，即领口紧、袖口紧、下摆紧，严禁卷袖口、卷裤腿等现象。 （2）必须佩戴手套，方可进行实操考核。均满足以上要求，可得满分，否则，得0分	
施工准备	3. 检查施工设备（如吊装机具、吊具等）（3分）	操作开关检查吊装机具是否正常运转，吊具是否正常使用。均满足以上要求，可得满分，否则，得0分	11
	4. 根据安装工艺流程领取全部工具（3分）	根据安装工艺流程领取全部工具。 所选工具均满足实操要求，可得满分。如后期操作中发现缺少工具，可回到此项扣分，任漏选一项0.5分，最多扣3分。选择的工具多于实际使用工具≥3项时，扣1分	
	5. 根据安装工艺流程领取全部材料（3分）	根据安装工艺流程领取全部材料。所选材料均满足实操要求可得满分。如后期操作发现缺少材料，可回到此项扣分，任漏选一项扣0.5分，最多扣3分。选择的材料多于实际使用材料≥3项时，扣1分	
	6. 施工场地卫生检查及清扫（2分）	对施工场地卫生进行检查，并使用扫把规范清理场地。均满足以上要求，可得满分，否则，得0分	
叠合板吊装工艺流程	7. 构件质量检查（3分）	依据图纸使用工具（钢卷尺、靠尺、塞尺），检查叠合板尺寸、外观、平整度、埋件位置及数量等，是否符合图纸要求。均满足以上要求，可得满分，否则，得0分	50
	8. 测量放线 －支撑位置线（2分）	使用工具（钢卷尺、墨盒、铅笔），根据已有轴线或定位线引出支撑位置线。均满足以上要求，可得满分，否则，得0分	
	9. 测量放线 －叠合板板底标高（2分）	使用工具（水准仪、水准尺、墨盒、铅笔），根据已有控制线引出叠合板板底标高线。均满足以上要求，可得满分，否则，得0分	
	10. 测量放线 －叠合板水平位置线（2分）	使用工具（钢卷尺、墨盒、铅笔），根据已有轴线或定位线在墙上引出叠合板水平位置线。均满足以上要求，可得满分，否则，得0分	
	11. 安装底板支撑（10分）	按照以下流程完成底板支撑安装：将带有可调装置的独立钢支撑立杆放置在位置标记处→设置三脚架稳定立杆→安装可调顶托→安装木楞→安装支撑构件间连接件等稳固措施。均满足以上要求，可得满分，否则，得0分	

评分项	评分内容	扣分点	分值
叠合板吊装工艺流程	12. 调整底板支撑高度（3分）	使用工具（水准仪、水准尺），根据板底标高线，微调节支撑的支设高度，使木楞顶面达到设计位置，并保持支撑顶部位置在平面内。均满足以上要求，可得满分，否则，得0分	50
	13. 水平构件（叠合板）吊装 ——吊具连接（3分）	满足吊链与水平夹角不宜小于60°。均满足以上要求，可得满分，否则，得0分	
	14. 水平构件（叠合板）吊装 ——试吊（3分）	操作吊装设备起构件至距离地面约300 mm时停止，观察吊具是否安全。均满足以上要求，可得满分，否则，得0分	
	15. 水平构件（叠合板）吊装 ——吊运（5分）	操作吊装设备吊运，缓起、匀升、慢落。均满足以上要求，可得满分，否则，得0分	
	16. 水平构件（叠合板）吊装 ——安装对位（5分）	使用工具（撬棍），边调整底板位置边下落。均满足以上要求，可得满分，否则，得0分	
	17. 叠合板底板位置测量及调整（5分）	使用工具（钢卷尺、撬棍），先进行底板位置测量是否符合要求，如误差＞5 mm，则用撬棍进行调整。均满足以上要求，可得满分，否则，得0分	
	18. 叠合板底板标高测量及调整（5分）	使用工具（水准仪、水准尺），检查底板标高是否符合要求，如误差＞5 mm，则调整可调顶托进行校正。均满足以上要求，可得满分，否则，得0分	
	19. 摘除吊钩（2分）	摘除吊钩。均满足以上要求，可得满分，否则，得0分	
质量控制	20. 底板支撑安装牢固程度（3分）	（1）该质量控制在底板吊装完成以后执行。 （2）完成该质量控制检验步骤，各步得3分，否则，得0分。 （3）根据测量数据判断其是否符合标准，在误差范围之内各得3分，否则，得0分	9
	21. 底板安装位置误差范围（5 mm，0）（3分）		
	22. 底板标高误差范围（5 mm，0）（3分）		
工完料清	23. 拆除构件并放置存放架（3分）	使用吊装设备依据先装后拆的原则将构件放置原位。均满足以上要求，可得满分，否则，得0分	6
	24. 工具入库（1分）	清点工具，对需要保养的工具（如工具污染、损坏）进行保养或交于工作人员处理。均满足以上要求，可得满分，否则，得0分	
	25. 材料回收（1分）	回收可再利用材料，放置原位，分类明确，摆放整齐。均满足以上要求，可得满分，否则，得0分	
	26. 场地清理（1分）	使用工具（扫把）清理模台和地面，不得有垃圾，清理完毕后归还清理工具。均满足以上要求，可得满分，否则，得0分	

评分项	评分内容	扣分点	分值
施工过程时长	27. 时间记录（8分）	起止时间： 时长： 总分8分，基本时间50 min，每超过5 min扣1分，总时间不得超过60 min	8
工完料清时长	28. 时间记录（2分）	起止时间： 时长： 总分2分，基本时间8 min，每超过1 min扣0.5分，总时间不得超过10 min	2
组织协调	29. 指令明确（3分）	根据指令明确程度、口齿清晰洪亮程度，在0～5分区间灵活得分。任漏发指令一个扣0.5分，最多扣3分	3
	30. 分工合理（3分）	根据分工是否合理，有无人员窝工或分工不均情况等，在0～3分区间灵活得分	3
安全生产	31. 施工过程中严格按照安全文明生产规定操作，无恶意损坏工具、原材料，且无因操作失误造成实训干系人伤害等行为（4分）	在比赛过程中出现安全事故的，本次比赛直接得0分。未发生安全事故的，得4分。 安全生产是指生产过程中严格按照安全文明生产规定操作，无恶意损坏工具、原材料，且无因操作失误造成考试干系人伤害等行为	4
总分			100

附件4 "1+X" 装配式建筑构件制作与安装职业技能等级证书－ "密封防水" 实操考核评定表

序号	考核项	考核内容（工艺流程＋质量控制＋组织能力＋施工安全）		评分标准	分值	评分	说明
1	施工前准备工艺流程（15分）	劳保用品准备	佩戴安全帽	（1）内衬圆周大小调节到头部稍有约束感为宜。 （2）系好下颚带，下颚带应紧贴下颚，松紧以下颚有约束感，但不难受为宜。均满足以上要求，可得满分，否则，得0分	2		
			穿戴劳保工装、防护手套	（1）劳保工装做到"统一、整齐、整洁"，并做到"三紧"，即领口紧、袖口紧、下摆紧，严禁卷袖口、卷裤腿等现象。 （2）必须正确佩戴手套，方可进行实操考核。均满足以上要求，可得满分，否则，得0分	2		
			穿戴安全带	固定好胸带、腰带、腿带，安全带进行贴身	3		
		设备检查	检查施工设备（吊篮、打胶装置）	发布"设备检查"指令，考核人员操作开关检查吊篮和打胶装置是否正常运转。满足以上要求，可得满分，否则，不得分	2		
		领取工具	领取打胶所有工具	发布"领取工具"指令，考核人员领取工具，放置指定位置、摆放整齐。满足以上要求，可得满分，否则，不得分	2		
		领取材料	领取打胶所有材料	发布"领取材料"指令，考核人员领取材料，放置指定位置、摆放整齐。满足以上要求，可得满分，否则，不得分	2		
		卫生检查及清理	施工场地卫生检查及清扫	发布"卫生检查及清理"指令，考核人员正确使用工具（扫把），规范清理场地。满足以上要求，可得满分，否则，不得分	2		

序号	考核项	考核内容（工艺流程＋质量控制＋组织能力＋施工安全）		评分标准	分值	评分	说明
2	封缝打胶工艺流程（50分）	基层处理	采用角磨机清理浮浆	发布"采用角磨机清理浮浆"指令，考核人员正确使用工具（角磨机），沿板缝清理浮浆。满足以上要求，可得满分，否则，不得分	3		
			采用钢丝刷清理墙体杂质	发布"采用钢丝刷清理墙体杂质"指令，考核人员正确使用工具（钢丝刷），沿板缝清理浮浆。满足以上要求，可得满分，否则，不得分	3		
			采用毛刷清理残留灰尘	发布"采用毛刷清理残留灰尘"指令，考核人员正确使用工具（毛刷），沿板缝清理浮浆。满足以上要求，可得满分，否则，不得分	3		
		填充PE棒（泡沫棒）		发布"填充PE棒（泡沫棒）"指令，考核人员正确使用工具（铲子）和材料（PE棒），沿板缝竖顺直填充PE棒。满足以上要求，可得满分，否则，不得分	6		
		粘贴美纹纸		发布"粘贴美纹纸"指令，考核人员正确使用材料（美纹纸），沿板缝竖顺直粘贴。满足以上要求，可得满分，否则，不得分	6		
		涂刷底涂液		发布"涂刷底涂液"指令，考核人员正确使用工具（毛刷）和材料（底涂液），沿板缝内侧均匀涂刷。满足以上要求，可得满分，否则，不得分	5		
		打胶	竖缝打胶	发布"竖缝打胶"指令，考核人员正确使用工具（胶枪）和材料（密封胶），沿竖向板缝打胶。满足以上要求，可得满分，否则，不得分	8		
			水平缝打胶	发布"水平缝打胶"指令，考核人员正确使用工具（胶枪）和材料（密封胶），沿水平缝打胶。满足以上要求，可得满分，否则，不得分	8		
		刮平压实密封胶		发布"刮平压实密封胶"指令，考核人员正确使用工具（刮板），沿板缝匀速刮平，禁止反复操作。满足以上要求，可得满分，否则，不得分	5		
		打胶质量检验		发布"打胶质量检验"指令，考核人员打开打胶设备，正确使用工具（钢直尺）对打胶厚度进行测量。满足以上要求，可得满分，否则，不得分	3		

序号	考核项	考核内容（工艺流程＋质量控制＋组织能力＋施工安全）		评分标准	分值	评分	说明
3	工完料清（10分）	清理板缝		发布"清理板缝"指令，考核人员正确使用工具（抹布、铲子），将密封胶依次清理垃圾桶内。满足以上要求，可得满分，否则，不得分	2		
		拆除美纹纸		发布"拆除美纹纸"指令，考核人员依次拆除美纹纸。满足以上要求，可得满分，否则，不得分	2		
		打胶装置复位		发布"打胶装置复位"指令，考核人员点击开关，复位打胶装置。满足以上要求，可得满分，否则，不得分	1		
		工具入库	工具清理	发布"工具清理"指令，考核人员正确使用工具（抹布）清理工具。满足以上要求，可得满分，否则，不得分	2		
			工具入库	发布"工具入库"指令，考核人员依次将工具放置原位。满足以上要求，可得满分，否则，不得分	1		
		施工场地清理		发布"施工场地清理库"指令，考核人员正确使用施工工具（扫把），对施工场地进行清理。满足以上要求，可得满分，否则，不得分	2		
4	质量控制（25分）	工具选择合理、数量齐全		打胶结束后考核人员配合考评员对打胶质量进行检查	2		
		材料选择合理、数量齐全			2		
		PE棒填充质量	是否顺直		3		
		打胶质量	胶面是否平整		4		
			厚度为1～1.5 cm		4		
		工完料清	打胶装置是否清理干净		4		
			工具是否清理干净		4		
			施工场地是否清理干净		2		
5	安全施工	施工过程中严格按照安全文明生产规定操作，无恶意损坏工具、原材料，且无因操作失误造成考试干系人伤害等行为			合格/不合格		
总分	100	考核结果		合格/不合格	合计		

参考文献

[1] 中华人民共和国住房和城乡建设部，中华人民共和国国家质量监督检验检疫总局．GB/T 51231—2016 装配式混凝土建筑技术标准［S］．北京：中国建筑工业出版社，2017．

[2] 中华人民共和国住房和城乡建设部．JGJ 1—2014 装配式混凝土结构技术规程［S］．北京：中国建筑工业出版社，2014．

[3] 中华人民共和国住房和城乡建设部．16G906 装配式混凝土剪力墙结构住宅施工工艺图解［S］．北京：中国计划出版社，2016．

[4] 中华人民共和国住房和城乡建设部．G310-1～2 装配式混凝土结构连接节点构造（2015年合订本）［S］．北京：中国计划出版社，2015．

[5] 全国职业院校技能大赛-2023 年全国职业院校技能大赛赛项规程与赛题［EB］．http：//www.chinaskills-jsw.org/content.jsp？id＝ff8080818797936d0187ba2b9f88012c＆classid＝de7bd19628f54879be3fb10f40de8767，2023．

[6] 装配式建筑构件制作和安装职业技能等级标准 2020 年 1.0 版［EB］．http：//www.zkjzzx.com/guanlizhidu/zhiyejinendengjibiaozhun/415.html，2020．